Dlzar Qadr
Shorsh Mohammed

Mistura asfáltica melhorada para deformação permanente utilizando borracha fragmentada

Dlzar Qadr
Shorsh Mohammed

Mistura asfáltica melhorada para deformação permanente utilizando borracha fragmentada

ScienciaScripts

Imprint

Cover image: www.ingimage.com

This book is a translation from the original published under ISBN 978-3-659-83606-0.

Publisher:
Sciencia Scripts
is a trademark of
Dodo Books Indian Ocean Ltd. and OmniScriptum S.R.L publishing group

120 High Road, East Finchley, London, N2 9ED, United Kingdom
Str. Armeneasca 28/1, office 1, Chisinau MD-2012, Republic of Moldova, Europe
Printed at: see last page
ISBN: 978-620-7-88496-4

Universidade de Cihan - Erbil
Departamento de Engenharia Civil

Mistura asfáltica melhorada para deformação permanente utilizando borracha fragmentada

Por: **Dlzar Bakr Qadr**

agosto de 2017

AGRADECIMENTOS

Gostaria de dizer muito obrigado a **DEUS,** que me deu a capacidade de atingir este nível de educação.

Gostaria de expressar a minha profunda gratidão ao meu supervisor, **Prof. Gordon Airey,** pelo seu apoio e aconselhamento especializado, que me permitiu realizar este projeto.

Gostaria de agradecer a todos os técnicos e pessoal que trabalham no laboratório, nomeadamente **Jonathan Watson, Richard Blakemore, Martyn Barret** e **Antony Beska,** pela sua assistência e orientação.

Gostaria de expressar os meus agradecimentos à minha mulher, **Sazan Othman,** que me incentivou e apoiou a estudar o ensino superior e a concluir com êxito esta investigação.

Gostaria de expressar os meus profundos agradecimentos ao meu melhor amigo **Shorsh Mohammed,** que me ajudou a concluir este projeto.

Os meus sinceros agradecimentos ao **Governo Regional do Curdistão** [KRG] - Programa de Desenvolvimento das Capacidades Humanas [HCDP], que me concedeu uma bolsa de estudo e me permitiu estudar no Reino Unido.

Finalmente, gostaria de agradecer a todos os meus amigos que ajudaram, mesmo que em pequenas partes, nesta investigação.

ÍNDICE DE CONTEÚDOS

Capítulo 1	**5**
Capítulo 2	**10**
Capítulo 3	**31**
Capítulo 4	**45**
Capítulo 5	**57**
Capítulo 6	**75**

NOTA

HMA: Hot Mix Asphalt

ITSMT: Indirect Tensile Stiffness Modulus Test

MSCRT: Multiple Stress Creep Recovery Test

RLAT: Repeated Load Axial Test

CRM: Crumb Rubber Modifier

Pen: Penetration Grade

PG: Performance Grade

WTT: Wheel Tracking Test

SBS: Styrene-Butadiene-Styrene

ms: Millisecond

min: Minute

mm: Millimetre

hr: Hour

N: Newton

kPa: kilopascal

Pa: Pascal

CAPÍTULO I: INTRODUÇÃO

1.1 Antecedentes

Mais de 400 milhões de pneus de sucata são gerados todos os anos no mundo, principalmente na América do Norte, Europa e Ásia. Muitas razões tornam a eliminação de pneus inservíveis uma séria preocupação ambiental, como o facto de exigirem uma área de aterro e causarem poluição direta. A fim de minimizar o impacto negativo dos resíduos de pneus, muitos países procuram formas de os eliminar de forma responsável. Foram consideradas muitas abordagens de engenharia civil para utilizar pneus velhos para melhorar as propriedades mecânicas dos materiais de construção. Esta melhoria foi efectuada em misturas de pavimentos asfálticos, utilizando sucata de pneus como modificador de borracha fragmentada [CRM] para aumentar a resposta elástica do ligante, aumentando a vida útil do pavimento asfáltico, aumentando a resistência à fissuração térmica, reduzindo o ruído do tráfego, minimizando os custos de manutenção e aumentando a resistência à deformação permanente.

Não há dúvida de que numerosos factores têm impactos negativos no pavimento rodoviário, em especial no pavimento flexível. Por exemplo, o aumento da carga de tráfego (carga por eixo), o aumento do nível de tráfego, o aumento da pressão dos pneus, a utilização de pneus super simples e verões mais quentes. A variação da temperatura, incluindo verões quentes e invernos frios, tem sido a questão ambiental mais importante nos últimos anos devido às alterações climáticas globais. Esta variação deve ser tida em consideração na escolha dos tipos de ligantes que podem ser utilizados para efeitos de conceção. No inverno, a baixas temperaturas, a fissuração térmica é a preocupação mais óbvia. Por outro lado, no verão quente, a altas temperaturas, o pavimento asfáltico sangra, resultando em deformação permanente em mecanismos como a densificação e a deslocação lateral.

A deformação permanente é a anomalia mais significativa no desempenho dos pavimentos betuminosos durante a sua vida útil. Para além de diminuir a operacionalidade do pavimento, a deformação permanente compromete a segurança dos veículos (e, portanto, dos utilizadores) na estrada. A profundidade dos sulcos aumenta à medida que aumenta o número de cargas sobre as rodas. A deformação permanente aparece como uma depressão longitudinal ao longo das trajectórias das rodas (designada por adensamento) ou como uma deslocação lateral para os lados, designada por rutura por cisalhamento. A densificação é causada pela falta de compactação ao longo do processo de construção. A falha por cisalhamento resulta num teor excessivo de ligante, porque provoca a redução do atrito interno entre os agregados, o que significa que a carga do tráfego é suportada pelo betume em vez dos agregados. A temperaturas elevadas, o betume sangra devido à falta de vazios de ar, o que resulta na deslocação lateral do pavimento asfáltico.

A adição de MRC à mistura de pavimento asfáltico requer uma melhor compreensão do impacto nas propriedades reológicas do betume com MRC. A maior parte das vezes, o aumento deste modificador tem como objetivo melhorar as propriedades do betume; por exemplo, diminuir a suscetibilidade do betume à temperatura. Este melhoramento do betume CRM depende totalmente da interação entre o betume e o CRM, em que se forma um gel viscoso a partir do inchaço das partículas de CRM com o ligante, o que aumenta a viscosidade do betume. No entanto, o efeito de interação entre o MRC e o ligante asfáltico a várias temperaturas é complexo devido a múltiplos factores, incluindo

- Origem do betume
- Percentagem de CRM
- Tamanho das partículas do MRC
- Textura doCRM
- Tempo e temperatura da interação.

Estudos anteriores demonstraram que a adição de resíduos de pneus como borracha reciclada [CRM] no pavimento de asfalto é viável. Existem diferentes formas de combinar a borracha reciclada com a mistura, de modo a melhorar o desempenho do pavimento asfáltico. Os processos secos e húmidos são os dois métodos mais importantes que têm sido utilizados para a modificação da borracha. No método seco, a borracha pode ser misturada com o agregado antes de o ligante ter sido carregado; a vantagem deste método é que introduz um elevado teor de borracha e é económico porque não utiliza aquecimento durante a mistura. No processo húmido, o betume mistura-se com a borracha a uma temperatura elevada, entre 177-218 °C, durante cerca de 45 minutos, após o que é misturado com o agregado. Embora o método seco seja mais económico e tenha a vantagem de utilizar um elevado teor de borracha, a maioria dos investigadores prefere o processo húmido porque oferece resultados mais fiáveis.

1.2 Declaração do problema

Muitos utentes e projectistas de estradas estão preocupados com os danos contínuos do pavimento asfáltico desde a idade precoce das estradas de pavimento asfáltico sujeitas a cargas de tráfego repetidas. A aplicação repetida de cargas de tráfego da faixa de rodagem pode resultar em danos na estrutura do pavimento asfáltico e produzir deformação permanente, particularmente em países quentes. Estudos anteriores mostraram que a adição de MRC à mistura aumenta a resistência à deformação permanente; o projetista deve aumentar a elasticidade do ligante para recuperar após várias aplicações de carga, o que pode ser feito utilizando uma variedade de modificadores, especificamente o MRC, que melhora as propriedades reológicas do ligante, aumenta a resistência à deformação permanente, diminui a fissuração térmica, aumenta a vida útil do pavimento asfáltico, reduz o custo de manutenção e também é amigo do ambiente, porque representa uma forma de reciclagem de resíduos de pneus para reutilização na modificação do asfalto. No entanto, a utilização do MRC ainda não foi completamente estabelecida em termos de custo-eficácia e de grau de melhoria, e não existem provas suficientes da eficiência do MRC, especialmente a longo prazo. Por conseguinte, é necessário efetuar um estudo mais aprofundado para examinar o efeito do MRC na deformação permanente das misturas asfálticas a quente, utilizando diferentes percentagens de MRC (12%, 15% e 18%) em relação ao peso do ligante.

1.3 Objetivo

Este estudo tem como objetivo examinar o efeito da adição de borracha fragmentada com diferentes percentagens de MRC ao ligante asfáltico de misturas asfálticas de alta temperatura, utilizando o processo húmido, a fim de descobrir a percentagem óptima de MRC para dar a maior resistência à deformação permanente.

1.4 Objectivos

Os principais objectivos do presente estudo são os seguintes:

- Desenvolver uma proporção melhorada de conceção de mistura adequada que dê uma maior resistência à deformação permanente.
- Analisar e avaliar os resultados dos testes seguintes:
    - Ensaio de recuperação por fluência sob tensão múltipla [MSCRT]

- Teste de tração das rodas [WTT]
- Ensaio de carga axial repetida [RLAT]
- Ensaio de módulo de estufamento por tração indireta [ITSMT]

> Comparar os resultados dos testes acima referidos para o modificador convencional e o modificador com CRM.

1.5 Metodologia

A investigação laboratorial é a fonte deste estudo para o HMA convencional e modificado. O agregado e o betume com Pen 40/60 são os principais materiais que foram utilizados para o fabrico de amostras. Além disso, foram adicionadas três percentagens diferentes de CRM (12%, 15% e 18%) em relação ao peso do ligante para as misturas modificadas, utilizando o processo húmido para a mistura. Foram efectuados quatro ensaios nesta investigação:

1. MSCRT: Neste ensaio, o investigador tentou descobrir as propriedades reológicas do ligante em termos de ligante recuperado e não recuperado (J_{nr}) após a aplicação de carga utilizando três percentagens de CRM (12%, 15% e 18%) e ligante convencional, porque este ensaio tem uma relação direta com a deformação permanente e é um ensaio económico, que dá um resultado adequado utilizando uma pequena quantidade de betume sem utilizar uma grande amostra da mistura.
2. RLAT: Neste ensaio, foram utilizadas 20 amostras de cilindros: 5 amostras convencionais, 5 cilindros modificados com 12% CRM, 5 cilindros modificados com 15% CRM e 5 cilindros modificados com 18% CRM. Este ensaio foi utilizado para determinar a resistência à deformação permanente em termos de tensão axial para a mistura de asfalto convencional e modificada.
3. ITSMT: O mesmo número de amostras utilizadas no RLAT é utilizado para determinar o módulo de rigidez da mistura betuminosa, a fim de avaliar a forma mais popular de medição tensão-deformação das propriedades elásticas da mistura.
4. WTT: Após a obtenção dos resultados do RLAT e do ITSMT, a percentagem óptima de MRC que dá a máxima resistência à deformação permanente é a única percentagem de MRC que deve ser utilizada para a realização do ensaio de rastreio das rodas, a fim de comparar os resultados dos dois ensaios em termos de profundidade do sulco.

1.6 Disposição

Primeiro capítulo apresenta um historial das utilizações do MRC em misturas de pavimentos asfálticos e explica um breve historial da ocorrência de deformação permanente e dos seus mecanismos. Este capítulo apresenta também o objetivo, os objectivos e a metodologia do presente estudo.

Segundo capítulo contém uma revisão da literatura anterior relativa ao MRC, tipos de MRC e métodos de mistura, deterioração do pavimento, modificadores de polímeros e sua influência na melhoria da suscetibilidade à temperatura e são apresentados ensaios laboratoriais.

Capítulo três apresenta os materiais utilizados neste estudo, tais como o agregado, o ligante e os aditivos. Descreve as razões da seleção destes materiais e, por fim, as etapas utilizadas na preparação das amostras.

Quarto capítulo descreve os quatro ensaios e os procedimentos utilizados no laboratório em função das especificações ASTM e British Standard.

Quinto capítulo contém os resultados e a análise dos dados de cada teste em função dos gráficos e estabelece igualmente uma ligação entre os testes, a fim de permitir uma melhor compreensão das relações entre eles.

Sexto capítulo apresenta um resumo dos principais pontos da investigação e faz recomendações para trabalhos futuros.

CAPÍTULO DOIS: REVISÃO DA LITERATURA

2.1 Introdução

A história da utilização de borracha fragmentada em pavimentos de asfalto remonta aos anos 40 do século passado, numa empresa dos Estados Unidos. Esta empresa utilizava partículas secas de borracha recuperada como aditivo; chamava-se Ramflex. Na década de 1960, os resíduos de pneus foram utilizados como modificadores, tendo sido desenvolvidos por um engenheiro (Charles McDonald) através da mistura de borracha fragmentada com as misturas asfálticas para produzir uma mistura modificada denominada Overflew.

Estudos anteriores demonstraram que os modificadores de borracha do miolo, produzidos a partir de resíduos de pneus usados, combinados com uma mistura de asfalto, proporcionam uma mistura de pavimento que pode reduzir o ruído do tráfego, minimizar os custos de manutenção e aumentar a resistência à deformação permanente e à fissuração térmica. Como resultado, a maioria dos países aumentou a utilização dos ligantes emborrachados na mistura de asfalto a quente.

Nos últimos anos, cerca de um milhão de pneus inservíveis são eliminados anualmente no Curdistão, devido ao elevado número de pessoas que utilizam o automóvel pessoal em vez dos transportes públicos. Esta situação afecta o volume de tráfego no pavimento, para além de ter um impacto negativo no ambiente. A solução deste problema exige um processo significativo de recolha dos resíduos de pneus e a sua reutilização para melhorar o desempenho do ligante asfáltico. Consequentemente, obtém-se uma melhor resistência contra as deformações permanentes através da utilização de um modificador de borracha fragmentada proveniente de resíduos de pneus para resistir às cargas de tráfego pesado existentes.

A falha mais comum na aparência do asfalto misturado a quente é a deformação permanente. Esta é causada pela perda de capacidade de serviço das misturas asfálticas, podendo também resultar em riscos de segurança. Muitos estudos demonstraram que o agregado e o betume têm um efeito direto no desempenho das misturas. As grandes dimensões das partículas dos agregados e a sua angularidade com textura superficial rugosa representam uma melhor resistência à deformação permanente do que as partículas finas e lisas. Para além das características do ligante, a utilização de um ligante mais rígido proporciona uma maior resistência ao desgaste do que a utilização de um ligante menos rígido. Para prever com exatidão a resistência ao afundamento de misturas asfálticas a quente, foram realizados vários estudos de laboratório. O mais significativo é o ensaio de tração das rodas. Neste ensaio, a amostra é submetida a cargas repetidas para medir a profundidade de cio da amostra, que é consequentemente tida em conta para efeitos de projeto.

A deformação permanente aparece claramente após uma chuva; é fácil decidir, a partir dos resultados, se a estrada foi exposta ao desgaste do pavimento (deformação permanente). A formação de sulcos pode ocorrer em qualquer tipo de pavimento e em estradas de baixo ou alto volume. Os sulcos na estrada, quando preenchidos com gelo ou água da chuva, podem resultar em riscos de segurança. O maior teor de ligante e os menores vazios de ar podem ser uma das várias razões que causam a deformação permanente nas misturas de asfalto a quente. Existem duas técnicas para medir a profundidade do sulco, tanto em estradas pequenas como em estradas grandes. Nas estradas pequenas, a profundidade do sulco pode ser medida determinando a profundidade do sulco num metro quadrado; enquanto que a profundidade do sulco para as estradas grandes pode ser medida determinando a profundidade do sulco nas linhas centrais dos caminhos das rodas através de uma régua ao longo do sulco em intervalos de 20 metros de comprimento. Os principais objectivos do presente estudo são os seguintes:

- Analisar e avaliar os factores que afectam a deformação permanente
- Comparar a mistura de asfalto com modificador de borracha de migalhas com a mistura de asfalto convencional [não modificada] em termos de resistência ao afundamento
- Desenvolver uma proporção de mistura adequada que proporcione uma maior resistência ao afundamento

2.2 Tipos de deterioração do pavimento

2.2.1 Cio

O sulco é a deformação criada nas várias camadas do pavimento, devido às repetidas marcas de rodas de diferentes larguras durante o carregamento do tráfego. Isto depende da estabilidade de cada camada do pavimento para resistir à frequência das cargas. Existem três tipos de sulcos de acordo com a falha das camadas, conforme ilustrado na Figura 2.1. A experiência prática concluiu que a largura estreita da forma do sulco indica que o problema pode ser devido à camada da camada de superfície, como mostrado. No entanto, o problema pode ser devido à camada de base do ligante se a largura do sulco for muito maior do que a da primeira imagem. Julgar pelo aspeto visual da estrada pode não fornecer uma boa solução a longo prazo para a substituição de uma camada de desgaste, porque o sulco pode ter ocorrido se o problema estiver na camada de base do ligante (Thom, 2008). Por vezes, o problema tem origem na camada mais importante, que é a fundação, devido à deficiência de compactação e à granulometria das camadas.

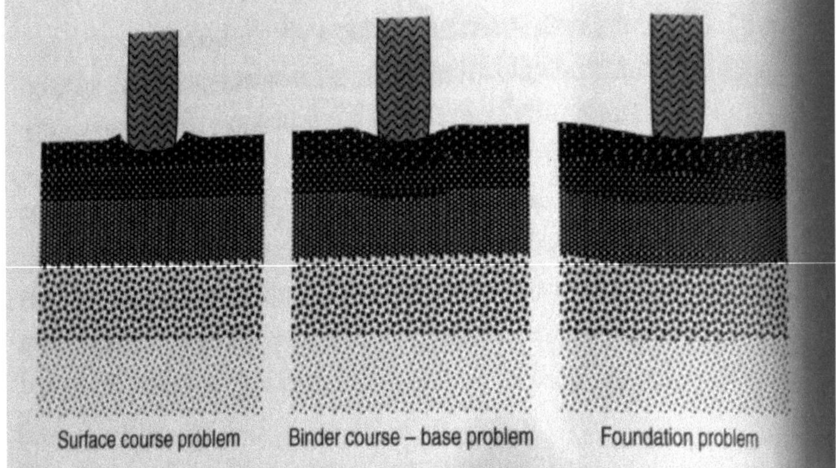

Figura 2.1: Diferentes tipos de sulcos

2.2.2 *Fissuração por fadiga (jacaré)*

A fissuração ocorre devido à carga repetida do tráfego, bem como à idade do pavimento. As dimensões das fissuras variam entre 2,5 e 15 centímetros e assemelham-se a um padrão na pele de um jacaré, sendo por isso designadas por fissuras em jacaré. Os factores mais comuns que provocam o desenvolvimento deste tipo de fissuras são a frequência das cargas do tráfego e a idade do asfalto. Isto resulta no aumento da resistência à tração e da tensão do pavimento na parte inferior, criando fissuras na parte superior.

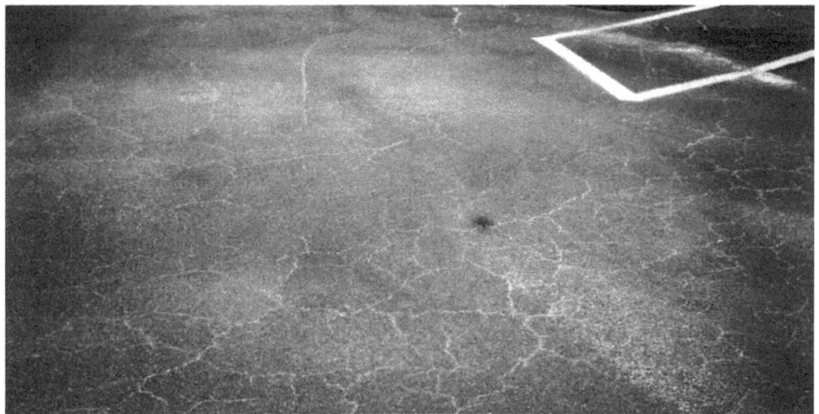

Figura 2.2: Fissuração em jacaré

A incompreensão dos engenheiros de pavimentos sobre as fissuras de fadiga é uma parte do problema. Eles pensavam que a vida à fadiga do asfalto era a mesma que a do metal. No entanto, são dois materiais diferentes e cada um tem as suas próprias propriedades de engenharia. A diferença é que o metal é um material homogéneo com um módulo de elasticidade constante, enquanto o asfalto não é um material homogéneo: é uma mistura constituída por dois materiais diferentes, como o ligante e o agregado, e cada um tem as suas próprias características. Consequentemente, é difícil tomar uma decisão sobre a vida à fadiga do pavimento de asfalto, uma vez que não se trata de uma mistura homogénea. Por outro lado, existem alguns testes experimentais para calcular e medir a vida à fadiga do ligante.

2.2.3 Buracos

A forma de um buraco é como uma tigela na parte superior do pavimento de asfalto, com um diâmetro não superior a um metro; na parte superior, tem uma aresta viva com lados verticais. A água existente no buraco tem um efeito prejudicial, pois aumenta a profundidade do buraco. Os buracos formam-se devido a más fundações sob o pavimento, como a sub-base e a base, o que resulta em danos na camada superficial. Por vezes, a drenagem e a inclinação da estrada têm um impacto negativo, criando o buraco na camada superior da superfície, devido à acumulação de água no buraco. Além disso, a existência de fissuras do tipo "jacaré" pode aumentar o diâmetro do buraco e transformá-lo num buraco no futuro. Além disso, a espessura do pavimento, o tipo de ligante, a gradação do agregado e a conceção da mistura desempenham um papel importante na redução do número de buracos.

Existem duas formas de reparar os buracos:

- Tratamento temporário: a manutenção temporária do buraco através do enchimento do buraco com misturas.

- Tratamento permanente: manutenção permanente através da remoção do buraco existente e da sua envolvente, substituindo-o por misturas até à profundidade total do buraco.

Pothole Water induced pothole Rupture and pothole

Figura 2.3: Três tipos de buracos

2.3 Deformação permanente (sulcos)

A formação de sulcos é a principal deterioração estrutural do pavimento que ocorre devido à carga repetida do tráfego nas trajectórias das rodas, particularmente em condições de tempo quente, o que resulta na deformação da forma da estrada. Nas últimas décadas, muitos académicos realizaram vários estudos para aumentar a resistência à deformação permanente. Por exemplo, a utilização de resíduos de pneus de veículos é um dos ensaios experimentais mais importantes para aumentar as propriedades mecânicas de uma mistura. No entanto, a utilização de modificadores de borracha fragmentada não é a única opção; existem outros factores que desempenham um papel importante na melhoria do desempenho de uma mistura, tais como

- O processo de mistura (húmido ou seco).
- Gradação dos agregados.
- Tamanho das partículas do modificador de borracha de migalhas.
- Tipos de betume em função dos ensaios de penetração e de ponto de amolecimento.

Em condições de tempo quente, o asfalto produz um betume mais macio dentro das misturas devido a uma diminuição da viscosidade da mistura e, neste caso, o betume tende a fluir mais facilmente. Por conseguinte, ao adicionar um modificador de borracha fragmentada à mistura de asfalto, a viscosidade da mistura aumentará e proporcionará uma mistura viscoelástica, bem como será mais rígida a temperaturas elevadas, como demonstrado na Figura 2.4: a parte inferior da curva (viscoso + plástico) diminui porque a viscoelasticidade do asfalto aumentará.

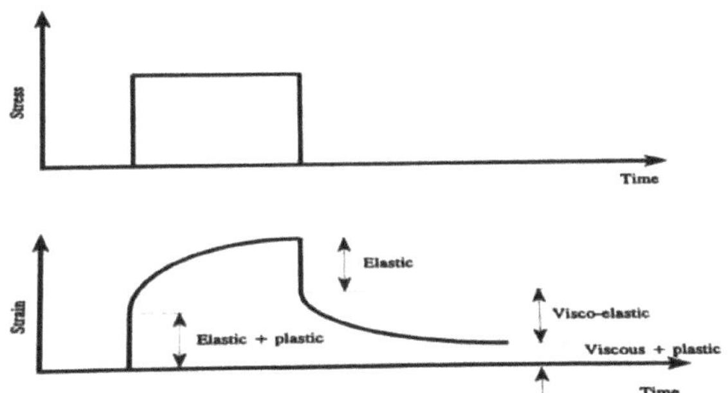

Figura 2.4: Resposta idealizada à deformação da mistura betuminosa

De um modo geral, a adição de borracha fragmentada à mistura de asfalto, a uma taxa adequada, pode melhorar o desempenho da mistura de asfalto convencional. Consequentemente, esta mistura modificada minimizará a profundidade do sulco a altas temperaturas e proporcionará uma redução da fissuração térmica, bem como uma redução da fissuração por fadiga a temperaturas intermédias. O ligante asfáltico comporta-se como um líquido viscoso e flui sob cargas repetidas em circunstâncias de tempo quente. Quando o escoamento começa nestas condições climatéricas, o líquido viscoso não regressa à posição inicial; como resultado, surgem sulcos na trajetória das rodas durante o tempo quente, sob cargas sustentadas das rodas. Além disso, os sulcos podem ocorrer devido às dimensões das partículas de agregado na mistura, e esta situação leva a que a mistura de asfalto se comporte como um plástico.

Em países quentes, o projetista deve refletir cuidadosamente sobre a distribuição do volume das misturas asfálticas, particularmente o teor de vazios de ar e de ligante. A temperaturas elevadas, se o teor de vazios de ar da mistura for baixo (inferior a 2-3%), o betume flui através dos vazios; com uma carga de tráfego contínua, isto pode causar deformações permanentes no pavimento.

O carregamento repetido das rodas resulta no aumento da profundidade do sulco no pavimento, como se mostra na Figura 2.5. O teor mais elevado de betume na mistura está a causar a perda de interação entre as dimensões das partículas dos agregados. A falta de angularidade e textura da superfície também pode ter um efeito no fluxo plástico. A utilização de um ligante mais rígido, de agregados grosseiros a finos e de uma compactação conveniente no terreno pode reduzir o fluxo plástico e a profundidade dos sulcos. A formação de sulcos tem um efeito negativo no desempenho do pavimento rodoviário durante a sua vida útil. A formação de sulcos minimiza a idade útil do pavimento rodoviário, mas também tem um impacto negativo nos utilizadores da estrada. A formação de sulcos resulta tanto da falha de cisalhamento como da densificação. Para além da vida útil do pavimento, a formação de sulcos também afecta o nível de segurança dos veículos que circulam na estrada.

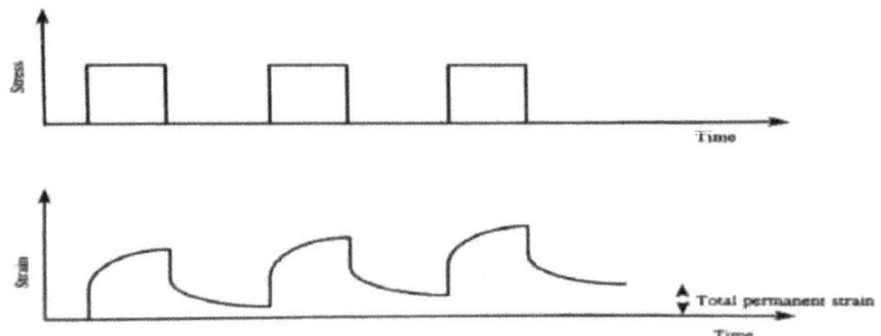

Figura 2.5: Acumulação de deformação permanente sob carga repetida

2.3.1 Mecanismo de deformação permanente em misturas betuminosas

Normalmente, o ligante apresenta três fases de acordo com os diferentes graus de temperatura: a altas temperaturas comporta-se como um líquido viscoso; comporta-se como um viscoelástico a temperaturas intermédias; e comporta-se como um sólido elástico a baixas temperaturas. A densificação [compactação] e o deslocamento por cisalhamento são os dois principais mecanismos responsáveis pela ocorrência de sulcos no pavimento asfáltico.

- Densificação: a compactação do pavimento é muito importante durante a construção para evitar a densificação, uma vez que pode causar uma má interação entre as granulometrias dos agregados e pode diminuir a vida útil do pavimento

Os seguintes factores são as razões significativas para a ocorrência de densificação :

- Compactação insuficiente durante toda a fase de construção do pavimento de asfalto.
- Maior compactação da superfície devido à exposição a mais carga de tráfego, resultando em sulcos.
- Má conceção do conteúdo de vazios de ar, porque após a compactação da construção e a compactação da carga do tráfego, o vazio de ar pode ser reduzido para menos do que o valor de projeto.

- A maior parte da densificação ocorre devido às trajectórias das rodas do tráfego de carga, que produz sulcos longitudinais, como mostra a Figura 2.6.

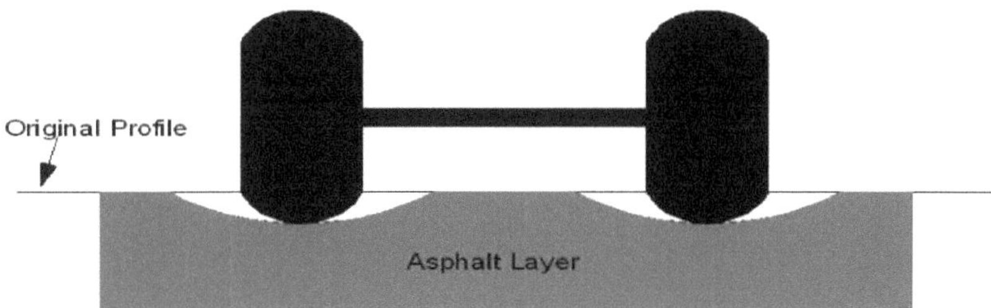

Figura 2.6: Cio devido à densificação

- A rutura por cisalhamento ocorre quando o betume flui através dos espaços vazios da mistura e provoca um efeito de interação entre as dimensões das partículas dos agregados - as partículas dos agregados ficam mais próximas umas das outras sem ligante.

Consequentemente, o teor de vazios de ar é um fator importante durante a conceção das misturas; foi sugerido que é necessário um mínimo de 3% de teor de vazios de ar para diminuir a suscetibilidade da mistura ao afundamento.

2.3.2 Factores que afectam a deformação permanente

De um modo geral, há muitos factores que afectam o desempenho das misturas asfálticas e, em particular, a formação de sulcos. O quadro seguinte mostra como o aumento ou a diminuição desses factores pode ter um impacto na resistência à deformação permanente.

	Factors	Change in factor	Effect of change in factor on rutting resistance
Aggregate	Surface texture	Smooth to rough	Increase
	Gradation	Gap to continuous	Increase
	Shape	Rounded to angular	Increase
	Size	Increase in maximum size	Increase
Binder	Stiffness	Increase	Increase
Mixture	Binder content	Increase	Decrease
	Air void content	Increase	Decrease
	VMA	Increase	Decrease
Test/field conditions	Temperature	Increase	Decrease
	State of stress/strain	Increase in tyre contact pressure	Decrease
	Load repetition	Increase	Decrease
	Water	Dry to wet	Decrease if mix is water sensitive

Tabela 2.1: Relação entre o teor da mistura e a resistência ao cio

A prática, a experiência e os estudos experimentais demonstraram que a granulometria dos agregados, o teor de ligante e as suas propriedades (grau de rigidez) têm um efeito significativo no desempenho das misturas betuminosas, nomeadamente na resistência à deformação permanente. Para além disso, as misturas asfálticas apresentam uma melhor resistência ao afundamento devido às granulometrias dos agregados que contêm partículas maiores e um menor teor de ligante. No entanto, o teor de ligante não é uma constante em termos de aumento e diminuição da resistência ao cio, porque as condições climatéricas desempenham um papel importante nesta situação. Por exemplo, um ligante mais rígido tem mais resistência à cravação a altas temperaturas, enquanto que a baixas temperaturas a relação é oposta. A forma do agregado também tem um efeito crucial no desempenho da mistura. A superfície angular e as partículas de agregado rugosas, como a pedra britada, têm uma maior resistência ao afundamento do que as partículas de superfície lisa.

2.3.2 Como é que se pode reduzir a deformação permanente?

Como é óbvio no Quadro 2.1, há muitos factores que devem ser considerados na redução do afundamento, especialmente em condições de tempo quente, porque a temperatura desempenha um papel importante no aumento da profundidade do afundamento. Os vazios de ar e o teor de ligante têm um impacto crucial na resistência ao afundamento e devem estar dentro da gama de códigos normalizados no que diz respeito às condições climáticas das áreas ou países de interesse. Por outro lado, as dimensões e formas das partículas agregadas são outros factores significativos que têm impacto no desempenho da mistura. A granulometria deve variar entre grossa e fina, e a textura da superfície deve ser angular para que haja interação suficiente entre as partículas, de modo a criar uma rigidez suficiente do pavimento para permitir uma excelente resistência ao desgaste.

2.4 Modificadores de polímeros úteis para melhorar as misturas de pavimentos asfálticos

Os modificadores de polímeros são materiais aditivos que são adicionados aos materiais especificados, como o asfalto ou o betão, para melhorar as suas características de engenharia. De um modo geral, os modificadores de polímeros podem ser classificados em três tipos: elastómeros, plastómeros e borrachas naturais. Os elastómeros são os modificadores de polímeros mais comuns, na medida em que cerca de 75% dos modificadores de betume podem ser classificados como elastómeros; 15% são plastómeros; e 10% são borracha natural ou outros.

- Elastómero: Um tipo de modificador de polímero mais amplamente utilizado, como o SBS, utilizado no betume. As vantagens significativas da utilização deste tipo de modificador são o aumento da elasticidade do ligante, a redução do componente viscoso e a diminuição da suscetibilidade à temperatura durante a mistura com o ligante, uma vez que é necessário que a mistura recupere após a remoção da carga aplicada. Como resultado, a fissuração na superfície superior do asfalto será reduzida (fissuração térmica), ou poderá ser evitada, ou o risco de ocorrência de deformação permanente será reduzido.

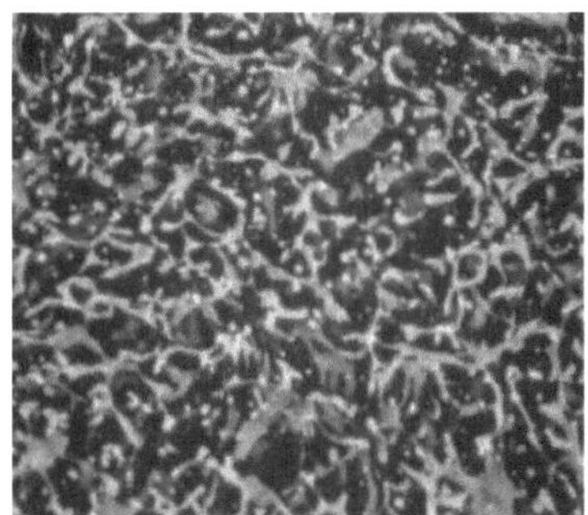

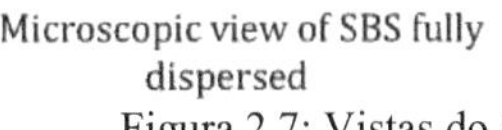

Microscopic view of SBS fully dispersed

Microscopic view of SBS during dispersion in bitumen

Figura 2.7: Vistas do SBS durante a mistura com betume

- Plastómero: Um segundo tipo de modificador de polímero, como o etileno acetato de vinilo [EVA].

  Este tipo de modificador é o mais comum entre os modificadores de plastómeros devido ao baixo custo do polietileno e do polipropileno. No entanto, não é útil para os países com temperaturas baixas porque a mistura endurece, reduzindo a capacidade da mistura de resistir a temperaturas elevadas, especialmente em condições climatéricas quentes.

Consequentemente, a mistura mais rígida tem uma boa resistência ao desgaste, especialmente durante o verão, mas não resiste à fissuração térmica tão eficazmente como os elastómeros devido à suscetibilidade dos elastómeros à temperatura.

Microscopic view of EVA during dispersion in bitumen

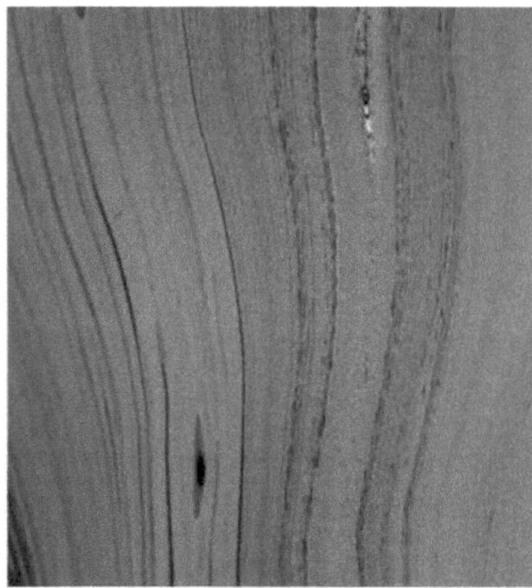

Microscopic view of EVA fully dispersed in bitumen

Figura 2.8: Vistas do EVA durante a mistura com betume

- Borracha fragmentada: Modificador reciclado produzido a partir de resíduos de pneus. Os principais factores para a utilização deste tipo de modificador são a economia, porque é de fácil acesso; é amigo do ambiente, devido à recolha dos resíduos de pneus do solo; e é particularmente bom para melhorar as características da mistura asfáltica. Atualmente, com o aumento do volume de tráfego e das cargas, é essencial desenvolver as propriedades da mistura asfáltica para resistir a estas cargas pesadas, adicionando modificadores como a borracha fragmentada [CR] à mistura.

Nas últimas décadas, vários estudiosos tentaram desenvolver um modificador para melhorar as características reológicas do ligante asfáltico. Utilizaram o modificador de borracha fragmentada e verificaram que este resultava num aumento da componente elástica do ligante, o que significa que, após a remoção da tensão aplicada pelo rasto da roda, a mistura de asfalto recupera. Como resultado, a resistência à deformação permanente aumentou, bem como uma diminuição da fissuração por fadiga.

2.5 Modificador de borracha fragmentada (CRM)

Os modificadores de borracha fragmentada são os resíduos de pneus e foram descobertos pela primeira vez por um engenheiro (Charles McDonald) nos Estados Unidos na década de 1960, com o objetivo de melhorar o desempenho da mistura de asfalto. Desde então, vários testes empíricos foram efectuados por engenheiros especializados em borracha fragmentada. Em resultado destes estudos, foi estabelecido que a utilização de borracha fragmentada na mistura de pavimento asfáltico comprova a melhoria do desempenho do pavimento em termos de durabilidade, deflexão de fendas, resistência à derrapagem, resistência à deformação permanente (sulcos) e resistência à fissuração por fadiga. Além disso, nos últimos anos, a comercialização de modificadores de borracha de migalhas aumentou em todo o mundo, especialmente nos Estados Unidos. A maioria dos estudos laboratoriais mostra que a utilização de betão asfáltico com borracha no pavimento melhora a maioria das propriedades de engenharia.

2.5.1 Tipos de modificador de borracha fragmentada (CRM)

Existem dois tipos de borracha fragmentada, que se distinguem pelas suas diferenças nas dimensões das partículas e nas texturas da superfície. Estas diferenças devem-se ao tipo de trituração que cria a borracha ambiente ou criogénica. A morfologia das partículas de cada tipo é a variação significativa entre elas, enquanto cada método tem a capacidade de criar os mesmos tamanhos de partículas. Ao começar por utilizar um moinho de borracha convencional de alta potência para produzir uma borracha fragmentada com partículas de tamanho irregular, este processo produz um tipo de modificador de borracha fragmentada denominado Ambient. Por outro lado, na Criogenia, os refrigeradores são utilizados na fase final para congelar a borracha e congelar a borracha que foi inicialmente triturada em migalhas finas ou aparas, de modo a produzir uma superfície de fratura bastante lisa.

(a) Cryogenic (b) Ambient

Figura 2.9: Imagens da microestrutura da borracha do miolo com uma ampliação de 60x (a) 40 mesh criogénico (b) 40 mesh ambiente

O quadro 2.2, elaborado pelo Departamento de Transportes do Arizona (ADOT), mostra que a percentagem de partículas passantes no ambiente é mais elevada do que no criogénico, o que significa que as dimensões das partículas de borracha do miolo no ambiente são mais finas do que na borracha criogénica.

ADOT A-R specifications and rubber gradation			
Sieves (mm)	ADOT A-R (% passing)	Ambient (% passing)	Cryogenic (% passing)
2	100-100	100	100
1.18	65-100	99	99
0.6	20-100	96	90
0.3	0-45	44	20
0.0075	0-5	4	3
The gradation analysis was carried out in accordance with the requirement of the ASTM C 136, amended by Greenbook			

Quadro 2.2: Percentagem de passagem da borracha do miolo à temperatura ambiente e criogénica

Estudos anteriores demonstraram que os dois tipos de borrachas são significativamente diferentes em termos de propriedades físicas. Estes dois métodos para produzir dois tipos diferentes de borracha resultam da criação do efeito de interação e do efeito de partículas. Os investigadores também demonstraram que o efeito de interação e o efeito de partículas nos modificadores de borracha do miolo à temperatura ambiente são superiores aos resultados do modificador de borracha do miolo criogénico, porque o modificador à temperatura ambiente tem mais área de superfície e uma forma mais irregular. Além disso, estudos anteriores indicaram que a dimensão das partículas de borracha do miolo desempenha um papel significativo nas propriedades reológicas e de engenharia das misturas de pavimentos.

2.5.2 *Como misturar CRM com misturas asfálticas*

De um modo geral, existem duas formas de misturar o modificador de borracha fragmentada com a mistura do pavimento. Em primeiro lugar, o processo húmido é o mais comum; este método mistura a borracha do miolo com o betume antes de o misturar com o agregado. O segundo método é o processo seco, que mistura a borracha fragmentada com o agregado antes de o ligante ser carregado na mistura. Embora o processo seco ofereça vantagens em relação ao processo húmido em termos de custos e de utilização de um elevado teor de borracha na mistura, todos os investigadores preferem o processo húmido por proporcionar resultados mais aceitáveis.

Na preparação de misturas modificadas através da combinação de borracha fragmentada com uma mistura normal, o processo por via húmida é o mais utilizado. No processo por via húmida, o ligante é aquecido até a temperatura atingir entre 176 °C e 226 °C, mas, normalmente, a temperatura desce entre 150 °C e 218 °C durante o período de tempo previsto (entre 45 e 60 minutos), para permitir uma interação suficiente entre as borrachas dos pneus e o ligante. Normalmente, a quantidade de borracha utilizada na mistura situa-se entre 18 e 22% em relação ao peso do betume. O processo por via húmida existe desde os anos 60, mas o mecanismo de interação entre o ligante e a borracha de pneu não foi totalmente caracterizado. O fator crucial para a mistura é a seleção de materiais com boas propriedades de mistura. No entanto, a própria reação natural desempenha um papel importante nas seguintes situações: processamento de temperatura, processamento de tempo e processamento de dispositivo.

2.6 Vantagens e desvantagens da utilização de CRM nas misturas

A utilização de borracha fragmentada como modificador na mistura de asfalto oferece vantagens importantes em comparação com os pavimentos convencionais.

As vantagens são as seguintes:

- A mistura aumenta as características viscoelásticas
- Dá a opção de colocar um maior teor de ligante na mistura
- Aumenta os anti-oxidantes do aglutinante
- Aumenta a espessura do ligante à volta do agregado
- Minimiza a suscetibilidade do betume à temperatura

- Aumenta a resistência à abrasão, nomeadamente em regiões geladas
- Aumenta a durabilidade da mistura
- Aumenta a vida de fadiga do pavimento
- Melhora a resistência à fissuração por reflexão
- Reduz o custo de manutenção
- A principal vantagem é o aumento da resistência à deformação permanente (Kirk, 2000).

Por outro lado, a principal desvantagem da utilização do modificador de borracha de migalhas nas misturas de asfalto quente é o custo mais elevado. Isto deve-se ao custo de capital e à vida útil prevista de ambas as escolhas, a mistura modificada e a mistura normal. Para escolher as melhores alternativas entre estas duas misturas, deve-se ter em conta a análise económica e o custo de manutenção, bem como considerar as condições climáticas do local.

2.7 Ensaios laboratoriais necessários para a deteção de sulcos

2.7.1 Ensaio de tração das rodas (WTT)

O ensaio de rastreio de rodas é o ensaio mais comum para misturas asfálticas; é um ensaio inestimável, rápido e fiável para medir a profundidade de deformação permanente de misturas asfálticas normais a quente, bem como para comparar as misturas betuminosas modificadas para avaliar os benefícios dos modificadores. É particularmente útil para os investigadores que desenvolvem uma variedade de modificadores através da combinação de misturas de asfalto para obter a máxima resistência ao cio. As vantagens mais significativas da utilização do ensaio de tração das rodas são:

- A semelhança entre a carga aplicada ao provete e as condições de campo.
- A relação custo-eficácia de uma pequena amostra no laboratório em comparação com um teste no terreno.

Em contrapartida, o ensaio de rastreio das rodas não fornece as propriedades fundamentais do betume, como, por exemplo, o módulo de elasticidade, que é útil para a modelação experimental do projeto.

Figura 2.10: Máquina de rastreio de rodas de acordo com

2.7.2 *Ensaio de Reómetro de Cisalhamento Dinâmico (DSR)*

O reómetro de cisalhamento dinâmico é um teste importante para determinar as características do aglutinante, como, por exemplo, se é elástico, viscoso ou viscoelástico. Isto depende do tempo e da temperatura. A Figura 2.11 mostra como as técnicas do dispositivo do reómetro de cisalhamento dinâmico funcionam em duas direcções circulares, conhecidas como oscilações. O funcionamento deste ensaio começa com o derrame de betume quente na placa inferior (placa fixa). A placa superior começa a oscilar do ponto A para o ponto B e, depois de passar pelo ponto A, a placa volta ao ponto C. Isto é apenas um ciclo; a operação repete-se continuamente com uma frequência constante de 10 radianos por segundo, para além do tempo e da temperatura.

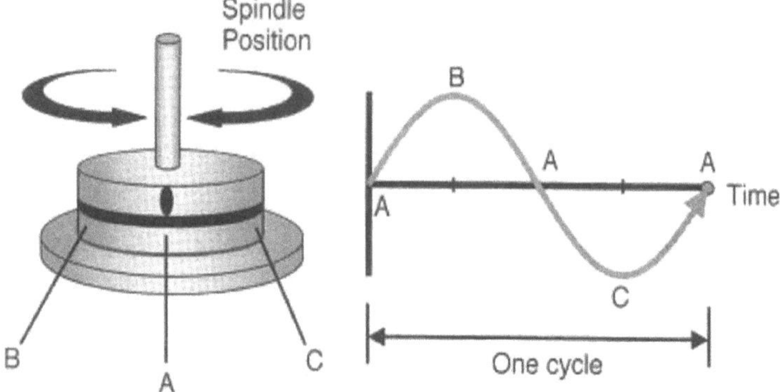

Figura 2.11: Funcionamento do Reómetro de Cisalhamento Dinâmico

O ensaio dinâmico do reómetro de cisalhamento calcula o comportamento elástico e viscoso do ligante asfáltico. A resistência total à deformação do betume foi determinada pelo módulo de cisalhamento complexo quando exposto a uma tensão de cisalhamento repetida. O componente elástico significa a parte de recuperação e o componente viscoso significa a parte de não recuperação do betume; ambos dependem dos valores do ângulo de fase. O ângulo de fase é o ângulo que afecta a relação entre o elástico e o viscoso no betume. Por exemplo, em temperaturas elevadas, o ângulo de fase é próximo de 90 graus, pelo que o material tem um comportamento viscoso. No entanto, a baixas temperaturas, o ângulo de fase é aproximadamente 0, pelo que o ligante se comporta de forma elástica (ou seja, estado recuperável).

2.7.2.1 Ensaio de recuperação por fluência sob tensão múltipla (MSCRT)

O ligante foi ensaiado a alta temperatura utilizando a norma AASHTO M-320 e, em seguida, substituído pelo novo ensaio alternativo ASTM D7405 - 10a de recuperação de fluência por tensão múltipla, a fim de caraterizar as propriedades reológicas do ligante, uma vez que pode ser facilmente utilizado com elevado desempenho com o dispositivo de reómetro de cisalhamento dinâmico existente, devido à elevada eficiência do dispositivo DSR para medir a tensão-deformação do betume e avaliar a viscoelasticidade do material. Além disso, é utilizado para avaliar o desempenho do ligante que pode ser modificado com a modificação do polímero para comparar com o ligante convencional em termos de resistência à deformação permanente. Para o efeito, foi aplicada uma carga de fluência durante um segundo, seguida de uma carga de fluência nula durante nove segundos, a fim de dar uma oportunidade de recuperação.

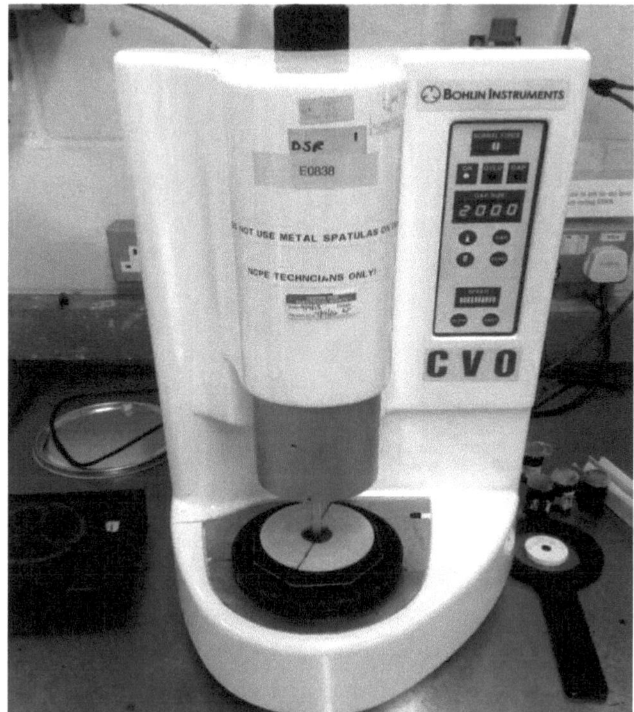

Figura 2.12: Dispositivo de Reómetro de Cisalhamento Dinâmico

2.7.2 *Testador de asfalto de Nottingham (NAT)*

Durante os anos 80, a Universidade de Nottingham desenvolveu um dispositivo para efetuar ensaios sobre a mistura betuminosa para investigação e avaliação do desempenho da mistura de pavimentos asfálticos. Esta máquina é capaz de realizar um ensaio indireto de módulo de rigidez à tração e um ensaio axial de carga repetida numa amostra cilíndrica, a fim de examinar a resistência à deformação permanente da mistura.

2.7.3.1 *Ensaio de carga axial repetida (RLAT)*

O ensaio e o seu procedimento foram descritos no capítulo 4 (4.3 e 4.3.1).

2.7.3.2 *Ensaio de módulo de rigidez à tração indireta (ITSMT)*

O ensaio e o seu procedimento são descritos no capítulo 4 (secções 4.2 e 4.2.1).

A rigidez depende dos materiais utilizados para preparar a mistura de asfalto. O agregado tem um papel significativo na oferta de uma elevada rigidez à mistura, enquanto o ligante e o teor de vazios de ar desempenham um papel importante na obtenção de um bom esqueleto agregado. A rigidez pode ser prevista sem efetuar o ensaio, como mostra a figura 2.13.

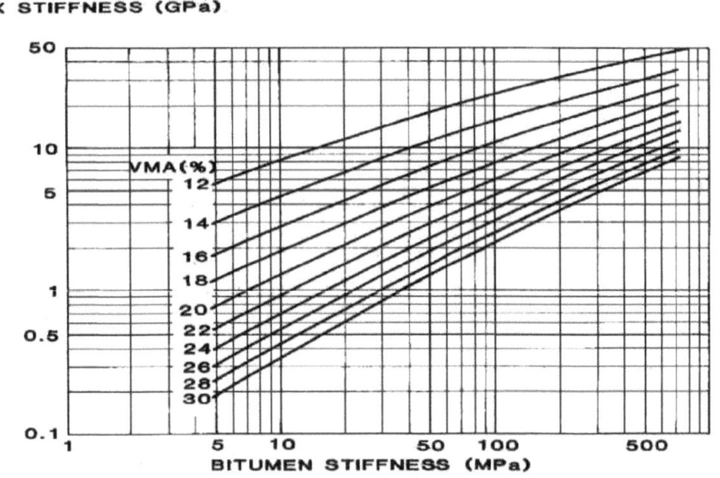

Figura 2.13: Relação entre a rigidez do betume e da mistura

A Figura 2.13 mostra a previsão da rigidez conhecendo-se o teor de vazios de ar e de ligante na mistura. A rigidez do betume também pode ser determinada quando a temperatura e o tempo são conhecidos (figura 2.14). O tempo é o inverso da velocidade proposta para o veículo na estrada construída em quilómetros por hora; isto significa que a temperatura e o tempo de carga têm uma influência significativa na rigidez da mistura betuminosa.

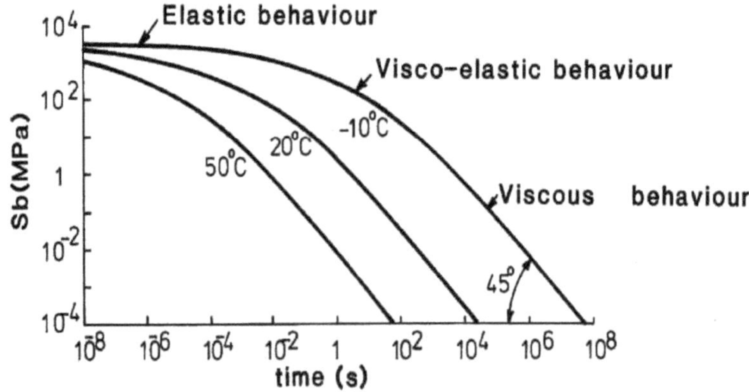

Figura 2.14: Determinação da rigidez do ligante

Estudos anteriores indicaram que a distribuição adequada da carga resulta numa elevada rigidez do pavimento asfáltico, o que produz uma boa proteção da sub-base, como se mostra na Figura 2.15.

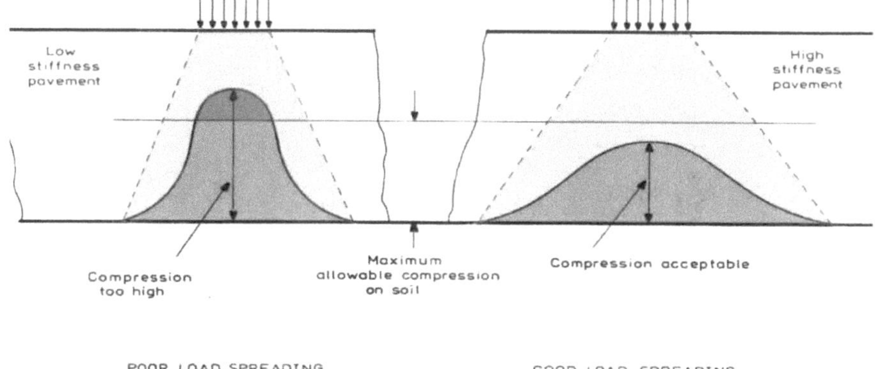

Figura 2.15: Comparação da boa e má distribuição da carga na rigidez da mistura

2.8 Conclusões

Em resumo, esta revisão analisou e avaliou os problemas do pavimento e os factores que afectam a deterioração do pavimento, especialmente a deformação permanente. Para além disso, foram avaliadas as vantagens dos modificadores de polímeros, em particular da borracha do miolo. Apesar de o sulco ser a aflição mais significativa do pavimento, a fissuração por fadiga e os buracos têm o mesmo impacto na deterioração das misturas de pavimentos asfálticos.

Há vários factores que desempenham um papel importante no aumento e na diminuição da resistência à deformação permanente, tais como o teor de ligante, os vazios de ar, as dimensões das partículas do agregado, a textura da superfície do agregado (angular ou lisa), a temperatura, as condições de carga, a compactação e a rigidez do betume.

Foram efectuados muitos estudos de laboratório e os resultados mostram que a adição de modificadores às misturas asfálticas melhora o desempenho das misturas asfálticas. Em particular, a mistura de modificadores de borracha do miolo com misturas asfálticas aumenta a resistência ao desgaste e diminui a fissuração por fadiga do pavimento. Parece que a utilização de modificadores de borracha do miolo com misturas de asfalto oferece algumas vantagens. Por exemplo, a recolha de resíduos de pneus usados, que é muito importante para o ambiente, aumenta o desempenho da mistura de asfalto e, em particular, aumenta a resistência ao desgaste, minimizando simultaneamente o custo de manutenção da estrada.

O investigador planeou realizar os ensaios laboratoriais dos testes mencionados nesta revisão, a fim de comparar quatro misturas diferentes em termos de resistência ao cio; três misturadas com CRM e uma sem modificador, para descobrir o efeito de modificadores como a borracha fragmentada. Além disso, o objetivo é produzir uma boa conceção de mistura para a mistura convencional sem a utilização de modificadores.

CAPÍTULO TRÊS: MATERIAIS E PREPARAÇÃO DAS AMOSTRAS

3.1 Materiais

O agregado e o ligante são materiais importantes que têm sido utilizados para o fabrico de misturas asfálticas. Geralmente, o agregado ocupa cerca de 95 por cento da massa da mistura asfáltica e o betume contém aproximadamente 5 por cento da mistura asfáltica. Ao calcular o conteúdo dos materiais em volume, o ar vazio deve ser considerado de modo a obter 100% através da soma de todas as partes [agregado+betume+ar]. O teor de vazios de ar mais o teor de ligante devem ser optimizados para resistir à deformação permanente a altas temperaturas e à fissuração térmica a baixas temperaturas. Os modificadores de polímeros, como o CRM e o SBS, podem ser utilizados para melhorar o desempenho das misturas asfálticas, de modo a obter uma melhor resistência à deformação permanente.

3.1.1 Betume

O betume pode ser classificado de acordo com os seus graus e fontes de produção; foram utilizados vários métodos para a determinação do grau do ligante, tais como o sistema de classificação da penetração, o sistema de classificação da viscosidade e o sistema de classificação do desempenho. Estes sistemas de classificação significam que quanto mais baixo for o grau, mais rígido é o ligante, e quanto mais alto for o grau, mais macio é o ligante. Por exemplo, a caneta 40/60, que é de grau relativamente baixo, é normalmente utilizada no Curdistão devido aos verões quentes da região.

As propriedades físicas do ligante asfáltico são mais importantes do que as suas propriedades químicas nas aplicações de pavimentos asfálticos. As características significativas incluem as propriedades reológicas relacionadas com a resistência ao comportamento do fluxo. A rigidez elástica é a questão fundamental que deve ser tida em consideração para efeitos de conceção, porque a baixas temperaturas o betume torna-se gradualmente mais rígido e finalmente quebradiço, o que provoca fissuras térmicas. Por outro lado, a altas temperaturas, o betume fluirá, resultando numa deformação permanente. Os modificadores de polímeros podem ser utilizados para alterar/melhorar as propriedades reológicas do ligante asfáltico, adicionando diferentes percentagens ao betume e utilizando métodos como o CRM e o SBS. A vantagem destes modificadores é aumentar a viscoelasticidade do betume para diminuir a suscetibilidade à temperatura, aumentar a resistência à deformação permanente a altas temperaturas e reduzir a fissuração térmica a baixas temperaturas.

O ligante é um material termoplástico devido à sua reação à carga e à temperatura. O betume comporta-se como um material elástico a baixa temperatura (< 0 °C], como um material viscoso/fluido a alta temperatura (> 60 °C] e como um material viscoelástico a uma temperatura intermédia (< 0-60 °C]. A viscoelasticidade do betume é uma propriedade reológica importante, pelo que é amplamente utilizado na mistura de pavimentos asfálticos na construção de estradas.

3.1.2 Agregado

Geralmente, existem três tipos de agregado de acordo com as dimensões: grosso, fino e de enchimento. Utilizando a retenção por peneira, o agregado grosso é retido por 2,36 mm; o agregado fino por 2,36 mm; e o enchimento por 0,075 mm.

As misturas de pavimentos asfálticos e o seu desempenho global dependem em grande medida das propriedades físicas do agregado. Esta caraterística pode ser considerada como uma especificação para efeitos de projeto. A escolha do agregado depende da disponibilidade, do custo e da qualidade, de modo a satisfazer as especificações exigidas para projectos específicos. Por exemplo, um agregado adequado para ser utilizado numa camada de base pode não ser suficiente para ser utilizado numa camada de superfície. Muitas características físicas fundamentais do agregado são importantes para os engenheiros de pavimentos asfálticos e devem ser consideradas no projeto, tais como

- Classificação [tamanho]
- Forma
- Dureza
- Durabilidade
- Textura da superfície
- Limpeza (materiais nocivos)
- Absorção
- Adesão
- Resistência à derrapagem

O HMA é constituído por aproximadamente 85% de agregados do volume total da mistura, o que é largamente influenciado pelo desempenho do HMA em termos das características da mistura de agregados. A gradação do agregado, a forma [angularidade] e a textura da superfície [rugosidade] têm um impacto fundamental no desempenho das propriedades do agregado. A forma da gradação do agregado afecta a qualidade do HMA devido ao teor de vazios de ar na mistura, que pode ser controlado pela gradação do agregado. O desempenho e a operacionalidade da mistura de pavimento asfáltico em termos de resistência e resistência à deformação permanente podem ser controlados pela forma e textura da superfície dos agregados grossos e finos. Por exemplo, a pedra lisa não triturada oferece menos resistência do que o agregado angular rugoso.

3.1.3 Aditivos

Os aditivos são modificadores de polímeros adicionados ao HMA, como o CRM [conforme descrito no capítulo 2], para melhorar o desempenho da mistura de HMA, de modo a reduzir a suscetibilidade à temperatura, aumentar a resistência à deformação permanente e minimizar a fissuração térmica. O tipo de CRM utilizado neste estudo é o **Ambient** 0.60mm.

3.2. Seleção de materiais

Normalmente, a decisão mais importante na conceção de qualquer mistura de pavimento asfáltico é a seleção dos materiais. Esta seleção deve satisfazer os princípios de engenharia de economia, segurança e respeito pelo ambiente. Por exemplo, neste estudo, o MRC é amigo do ambiente [porque é uma forma de reciclagem de resíduos de pneus], económico devido à redução dos custos de manutenção e seguro devido à minimização da deformação permanente, melhorando assim a segurança dos utentes da estrada.

3.2.1. Seleção do teor de aglutinante e do seu grau

Em geral, a granulometria dos agregados desempenha um papel importante na seleção do teor de betume na mistura de pavimento asfáltico devido ao problema do revestimento dos agregados e da hemorragia a altas temperaturas (ou seja, durante o verão). Esta gradação tem de conter agregados de tamanho adequado, de acordo com a percentagem necessária em relação ao volume total da mistura asfáltica, para evitar o problema da trabalhabilidade e proporcionar um bom esqueleto de agregados revestido com betume. Nesta investigação, o teor de ligante foi escolhido de acordo com a norma BS 4987-1:2005 para a camada de desgaste utilizando pedra britada (excluindo calcário), que é de 5,1% em massa, como se mostra no Quadro 3.1.

Aggregate	Bitumen grade
	% by mass of total mixture (±0.5%)
Crushed rock (excluding limestone)	5.10
Limestone	4.90
Blast furnace slag of bulk density in Mg/m3 (BS 812-2)	
1.44	5.50
1.36	6.00
1.28	6.60
1.20	7.00
1.12	7.50
Steel slag	4.80

Quadro 3.1: Determinação do teor de ligante

Geralmente, há vários factores que devem ser tidos em consideração para selecionar o tipo de betume, tais como as condições climáticas nacionais, a carga do tráfego, a velocidade dos veículos e a disponibilidade do tipo de betume selecionado. O fator mais fundamental é o clima; por exemplo, em climas quentes, o grau de betume mais rígido é adequado para evitar deformações permanentes e problemas de hemorragia, ao passo que em climas frios é adequado um betume relativamente mais macio para evitar fissuras térmicas. Neste estudo, foi utilizado o pen 40/60, que é um grau de ligante comum no Curdistão, próximo do grau 35/50 do Reino Unido, de acordo com a norma BS EN 12591:2009.

3.2.2. *Gradação dos agregados*

A gradação do agregado é o processo significativo que pode ser utilizado para distribuir os tamanhos das partículas do agregado em termos de percentagem de passagem do agregado através de peneiras de série com aberturas gradualmente mais pequenas em massa para oferecer a máxima rigidez à mistura asfáltica, de modo a obter uma melhor resistência. Neste estudo, o investigador utilizou uma granulometria intermédia de agregado com peneira de 0/14 mm para a camada de desgaste de graduação estreita, como se mostra no Quadro 3.2.

Test sieve aperture size (mm)	Indicative FPC tolerance	Aggregate crushed rock, slag or gravel % by mass passing
20		100
14	-1.6	95-100
10	±7	70-90
6.3	±7	45-65
2	±6	19-37
1	±4	10.0-30.0
0.0063	±2	3.0-8.0

Tabela 3.2: Classificação dos agregados para a camada de desgaste 0/14mm

Dependendo da Tabela 3.2, de acordo com a norma BS 4987-1:2005, utilizando o método de tentativa e erro para determinar a percentagem média de aprovação a partir do programa Excel, como mostra a Tabela 3.3.

Blending Table									
sieve	13-1205	13-1204	07-695	07-694	05-1121	Total %Passing	Specification		
Percentages	24	30	11	34	1	100	Lower	Mid	Upper
	14 mm	10 mm	6 mm	Dust	Filler				
20	24	30	11	34	1	100.0	100	100	100
14	21.276	29.895	11	34	1	97.2	95	97.5	100
10	5.9592	28.002	11	34	1	80.0	70	80	90
6.3	1.0776	9.117	9.8934	34	1	55.1	45	55	65
2	0.4944	1.05	0.6963	25.7482	1	29.0	19	28	37
1	0.4656	0.747	0.4334	16.2938	1	18.9	10	20	30
0.063	0.3288	0.489	0.2651	3.3422	1	5.4	3	5.5	8

Tabela 3.3: Determinação da percentagem de passagem do agregado utilizando o tamanho médio

Como resultado, as condições representadas na Figura 3.1 são alcançadas, resultando da percentagem final de passagem de 24% de 14mm, 30% de 10mm, 11% de 6mm, 34% de pó e 1% de enchimento usando o processo de tentativa e erro. É óbvio, a partir da Figura 3.1, que o tamanho médio está exatamente localizado entre a linha superior e inferior, o que significa que esta gradação de agregados está dentro da especificação da BS 4987-1:2005.

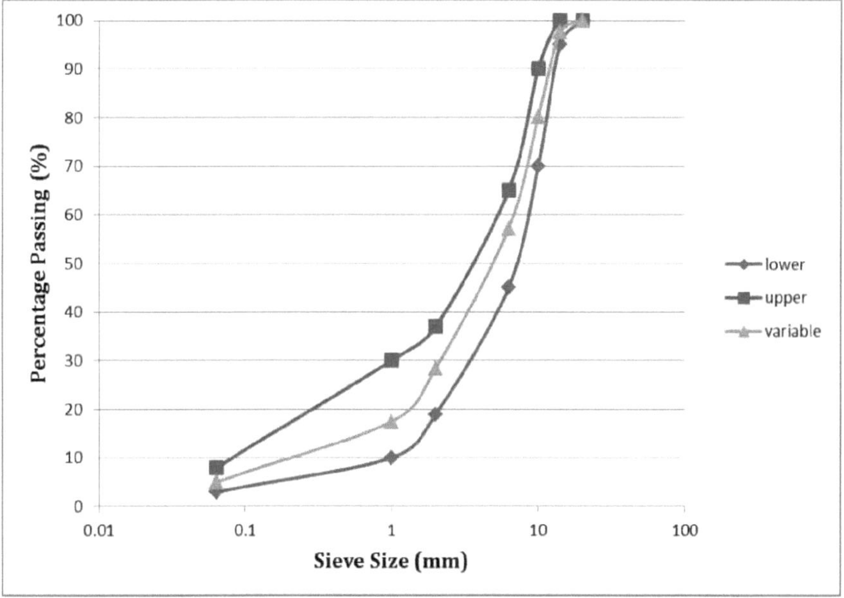

Figura 3.1: Gradação de agregados de tamanho médio para uma camada de superfície de gradiente estreito

3.3 Preparação da amostra

Amostras de ensaio de remate de rodas

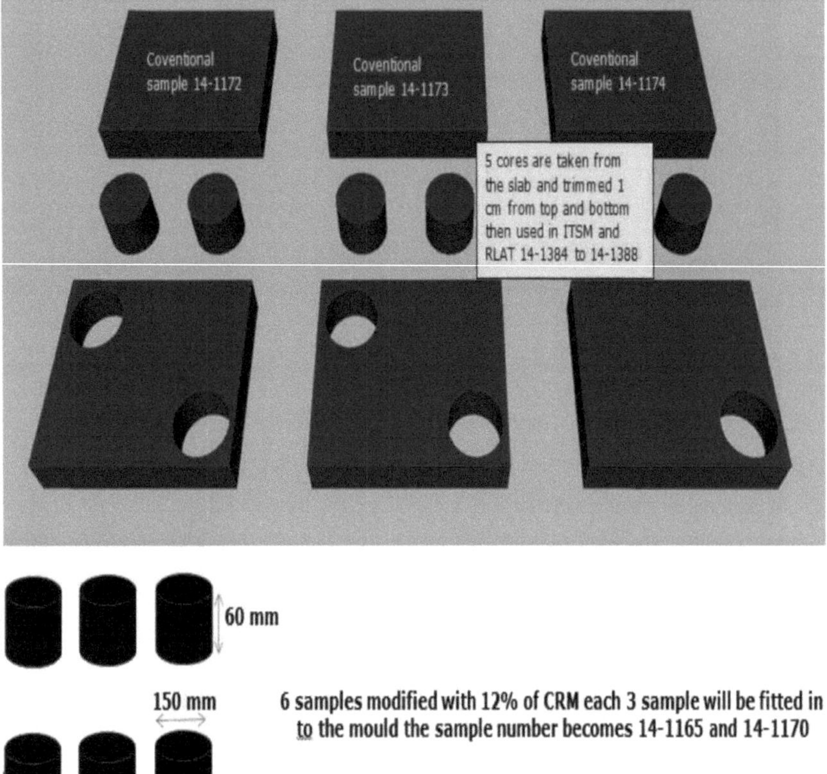

Figura 3.2: Exemplo de disposição do ensaio de tração das rodas

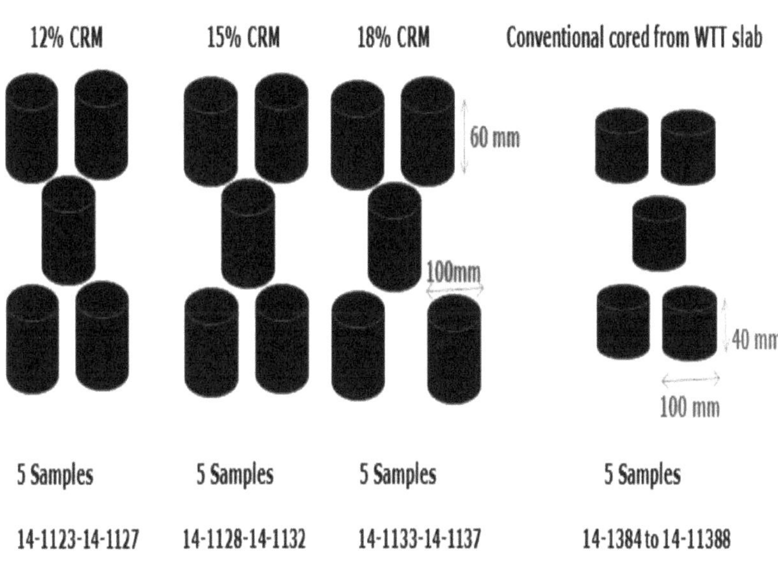

Figura 3.3: Exemplo de disposição para ITSMT e RLAT

O procedimento pormenorizado para a preparação da amostra é o seguinte:

1. Depois de se ter decidido utilizar uma gradação média do tipo de granito agregado, o teor de ligante foi obtido a partir da Tabela 3.1 e utilizando 5% de teor de ar vazio. O peso de cada tamanho de agregado e do betume foi determinado para o processo de dosagem utilizando o Microsoft Excel, depois de introduzir a densidade máxima, o volume das amostras e o fator de escala para perdas.

2. Existem três categorias de preparação de amostras neste estudo.

   1) Preparação da amostra para a mistura de controlo

   - Três tamanhos de laje 305*305*60 mm para o ensaio de rastreio das rodas para o espécime de controlo, como se mostra na Figura 3.4.
   - Retirar cinco provetes das lajes e, em seguida, cortar um centímetro da parte superior e inferior, preparando-os para o ITSMT e o RLAT, como mostra a Figura 3.4.

Figura 3.4: Lajes utilizadas para o WTT e depois escavadas para a realização do ITSMT e do RLAT

2) Preparação de amostras para misturas modificadas com 12%, 15% e 18% de CRM

- Foram preparadas quinze amostras cilíndricas com 100 mm de diâmetro e 80 mm de espessura para o ITSMT e o RLAT, sendo depois aparadas um centímetro do topo e da base, como se mostra na Figura 3.5.

Figura 3.5: Amostras preparadas após o corte

3) Preparação da amostra para mistura modificada com 12% de CRM

- Depois de atingir a percentagem óptima de MRC através do ensaio de módulo de rigidez à tração indireta e do ensaio axial de carga repetida, em que 12% de MRC dá uma rigidez máxima e uma maior resistência à deformação axial, foram preparadas seis amostras de 12% de MRC para o ensaio de tração com rodas com 150 mm de diâmetro e 60 mm de espessura para moldar três cilindros por laje, como mostra a Figura 3.6.

Figura 3.6: Amostra moldada para o ensaio de tração das rodas

3. Para as amostras modificadas com CRM, a mistura de ligante com CRM foi efectuada dois dias antes do fabrico das amostras de mistura.

4. No processo de mistura, o MRC foi misturado com o ligante a 200 °C com diferentes percentagens de MRC (12%, 15% e 18%), como se mostra na Figura 3.7, e o procedimento detalhado para a mistura é explicado no capítulo dois (secção 2.5.2). Os resultados pormenorizados da mistura podem ser consultados no apêndice A.

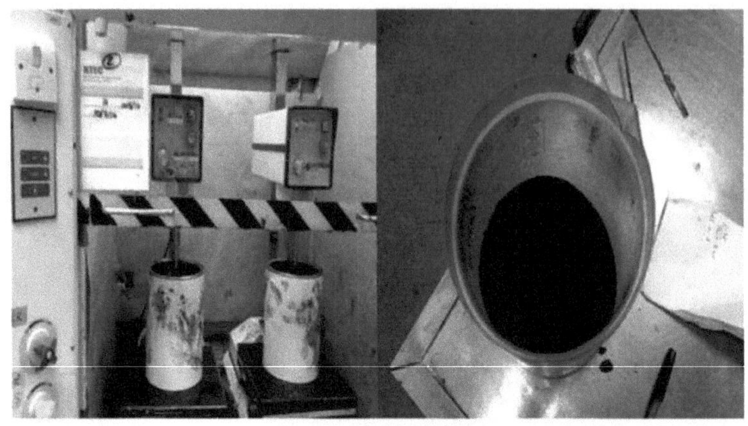

Figura 3.7: Processo de mistura de betume com CRM

5. Produção de cinco amostras por dia; o agregado e o ligante foram armazenados em fornos diferentes com temperaturas de 160 °C para o agregado e 190 °C para o ligante um dia antes de os misturar.

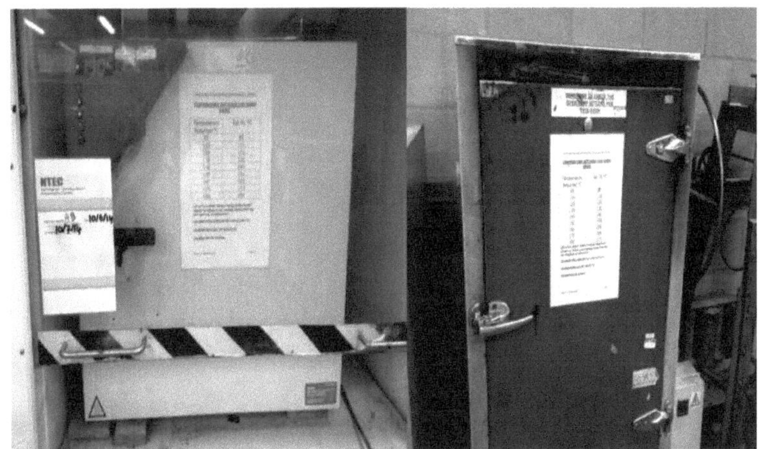

Figura 3.8: Fornos utilizados para armazenar betume e agregados

6. As amostras cilíndricas foram misturadas manualmente numa lata a 190 °C, para que o betume revestisse facilmente o agregado.
7. Os provetes de laje foram misturados automaticamente numa máquina misturadora rotativa.
8. A compactação das amostras cilíndricas foi efectuada utilizando a compactação giratória (EN 12697-31) pelo método da densidade alvo, como se mostra na Figura 3.9. Os parâmetros são os seguintes:

    - Velocidade : 30 rotações por minuto
    - Ângulo: 0,820 graus
    - Tensão: 600 kPa

Figura 3.9: Compactador giratório

9. Foi utilizado um compactador de rolos para a compactação das lajes, de acordo com a norma EN 12697-22, com as seguintes pressões de carga, como se mostra na Figura 3.10:

   > A roda passa 10 vezes com 2 bar de pressão.

   > A compactação da amostra é aumentada aumentando a pressão para 5 bar e 10 passagens

também.

> Na terceira fase, o número de passagens da roda diminui para 5 vezes e 4 bares de pressão.

> Na fase final, a amostra é compactada com 3 bar de pressão e 5 passagens de roda.

Figura 3.10: Compactador de rolos

De um modo geral, a relação custo-eficácia foi tida em consideração no fabrico de todas as amostras desta investigação, a fim de utilizar menos material e reduzir os resíduos.

- Extrair cinco amostras das lajes WTT e utilizá-las depois para o ITMST e o RLAT.
- Utilizando o mesmo provete ensaiado para o ITSMT para o RLAT (porque o ITSMT é um ensaio não destrutivo).

No Ensaio de Seguimento de Rodas foram utilizados três cilindros de 150mm de diâmetro com 60mm de altura em vez de uma grande laje (305*305*60mm] modificada com 12% de CRM de forma a minimizar o desperdício de material (Figura 3.11].

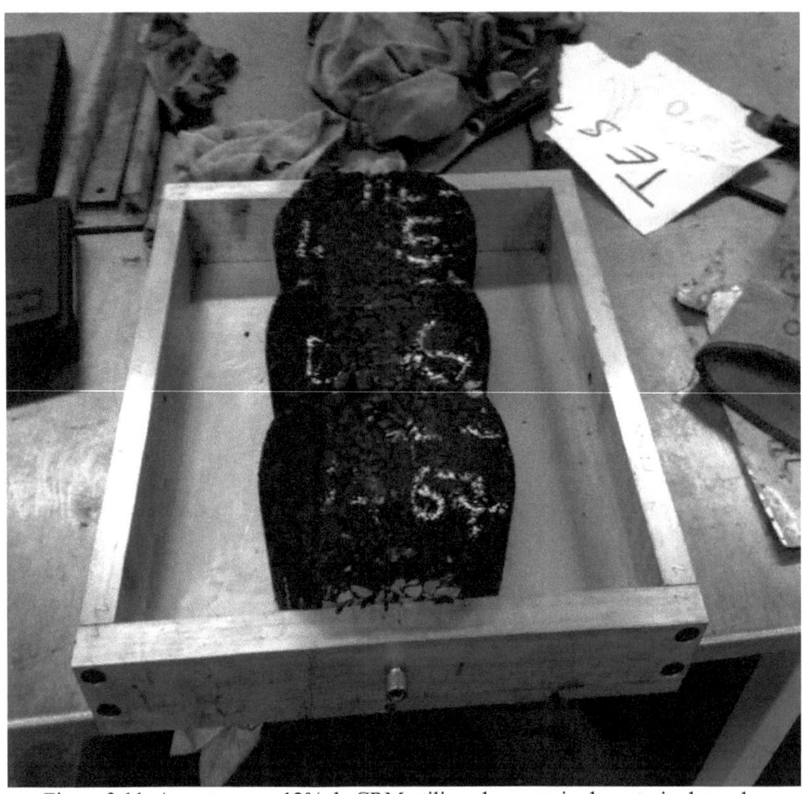

Figura 3.11: Amostra com 12% de CRM utilizando o ensaio de rastreio das rodas

CAPÍTULO QUATRO: TESTES E PROCEDIMENTOS

4.1 Ensaio de recuperação por fluência sob tensão múltipla (MSCRT)

O ensaio foi utilizado para determinar a percentagem de conformidade de fluência sem recuperação (J_{nr}) e a percentagem de recuperação que representa a recuperação elástica. O Reómetro de Cisalhamento Dinâmico (DSR) foi utilizado para realizar este ensaio a uma temperatura específica (60 °C). Este ensaio pode ser adequado para materiais não envelhecidos, mas a maioria dos investigadores que testam materiais envelhecidos utiliza o método de ensaio de forno de película fina rolante (RTFO). A resposta elástica do material depende da percentagem de recuperação das amostras de betume modificado (com CRM) e de controlo. A importância deste ensaio é proporcionar uma relação com as estradas reais no terreno em termos de carga, porque neste ensaio o padrão é uma carga de um segundo seguida de nove segundos de descarga, repetidamente; isto dá uma oportunidade para o ligante recuperar, o que é muito útil para a mistura resistir à deformação permanente sob aplicações de carga repetidas. Neste ensaio, a temperatura e os níveis de tensão têm um efeito significativo na percentagem de betume recuperado e não recuperado. Neste estudo, foram utilizados seis níveis de tensão, entre 0,1 e 3,20 kPa, e uma temperatura fixa de 60 °C, de acordo com a norma ASTM D7405-10a, para ser consistente com a temperatura que deve ser utilizada no ensaio de tração das rodas, porque a esta temperatura específica a mistura pode ser exposta à deformação permanente.

Figura 4.1: Reómetro de cisalhamento dinâmico (DSR) utilizado para a MSCRT

4.1.1O procedimento do RCM

O MSCRT foi efectuado de acordo com a especificação ASTM D7405-10a com os seguintes procedimentos:

1. A preparação da amostra foi efectuada deitando o betume numa pequena lata e, em seguida, colocando a amostra no forno durante cerca de 15 minutos a 160 °C antes do ensaio, como se mostra na Figura
4 .2.

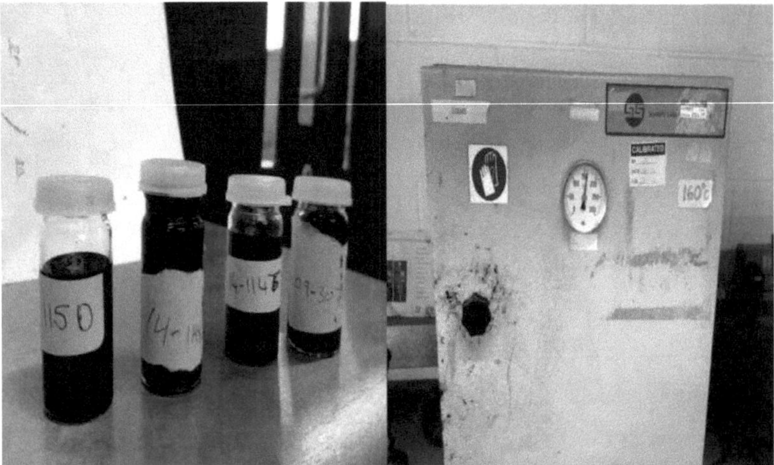

Figura 4.2: Amostras e forno utilizados para a MSCRT

2. A calibração da máquina foi efectuada um dia antes do ensaio em termos de pressão do ar e do nível de água no interior do reservatório de água de circulação.
3. Introduzir os principais parâmetros no programa informático, tais como a temperatura, os níveis de tensão (100, 200, 400, 800, 1600 e 3200 Pa) e condicionar a carga aplicando uma carga de fluência de um segundo seguida de nove segundos de carga zero durante dez ciclos em cada nível de tensão.
4. Baixando o fuso superior para baixo até atingir a folga zero e, em seguida, levantando-o para o fuso superior.
5. Retirar o betume do forno, mexendo bem, e, em seguida, deitar uma quantidade suficiente de betume na placa inferior utilizando o método a quente, de modo a obter uma espessura de 1 mm.
6. Baixando o fuso superior para gerar uma folga de 1,05 mm e depois aparando o betume

excessivo à volta do fuso, como mostra a Figura 4.3.

Figura 4.3: A amostra pronta para ser cortada

7. Baixar novamente o mandril até atingir a folga desejada [1mm].

8. Aguardar cerca de 15 minutos para o equilíbrio térmico e, em seguida, iniciar o ensaio.

O procedimento pormenorizado pode ser consultado no apêndice B

4.2 Ensaio de módulo de rigidez à tração indireta (ITSMT)

O ITSMT é o ensaio mais popular na medição da relação tensão-deformação para a avaliação das propriedades elásticas. A tensão de tração resulta da carga compressiva ao longo do diâmetro vertical do espécime cilíndrico perpendicular ao eixo de carga para fazer uma deformação no mesmo eixo que é medida em microns. A vantagem mais significativa deste ensaio é a determinação da rigidez da mistura, a fim de examinar o pavimento de asfalto em termos de resistência à deformação permanente. Os parâmetros de ensaio padrão são os seguintes, de acordo com a norma EN 12697-26:2004:

- Temperatura :20°C
- Tempo de subida: 125±4 ms
- Rácio de veneno: 0,35
- Deformação horizontal: 5±2 pm para 100 mm de diâmetro e 7±2 pm para 150 mm de diâmetro

A rigidez pode ser calculada através da seguinte equação

$$S_m = (L(v+0.27))/(D^*t) \qquad \text{...4.1}$$

Onde;

Sm: Módulo de rigidez das misturas betuminosas [MPa], v: Razão de veneno,

t: Espessura média do provete [mm],

L: O valor de pico da carga aplicada [N], D: A deformação horizontal de pico [mm].

As figuras seguintes são as partes ITSMT do equipamento de ensaio de acordo com a norma EN 1269726:2004

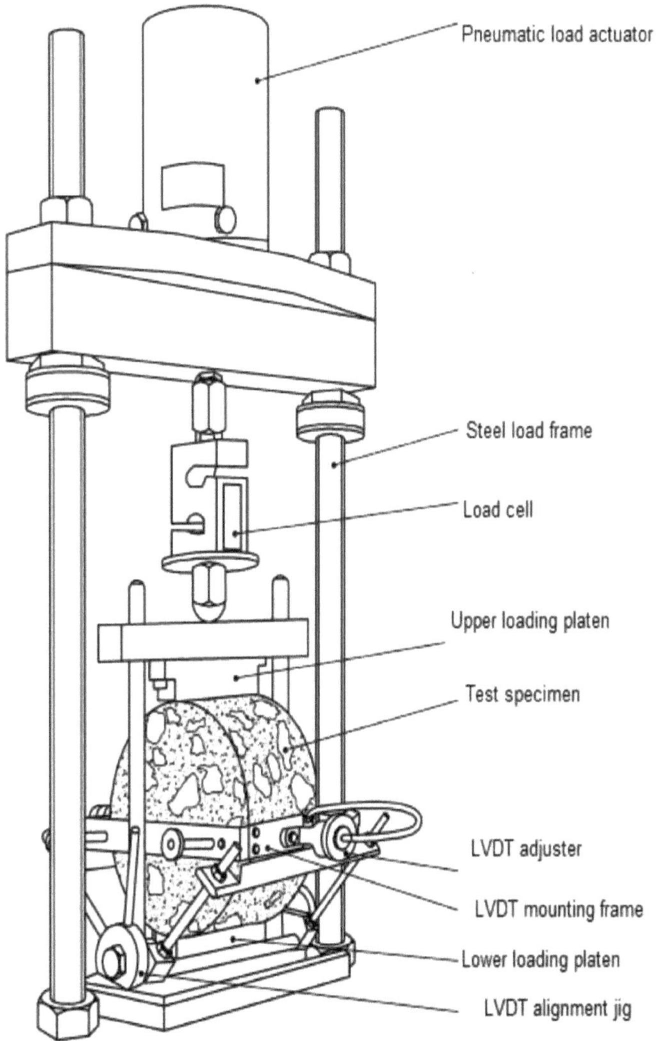

Figura 4.4: Exemplo de equipamento de ensaio

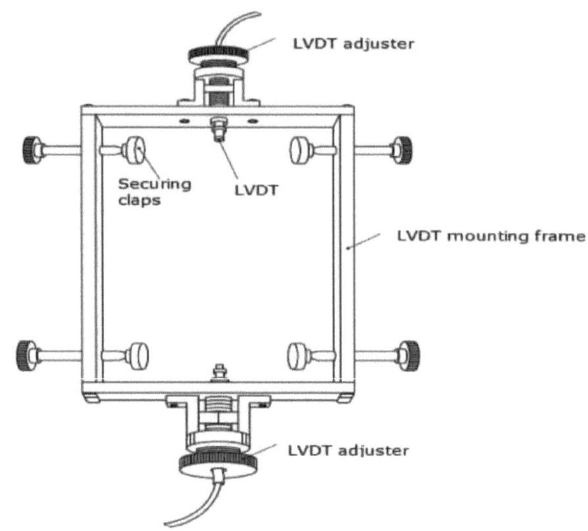

Figura 4.5: Esquema para medir a deformação diametral horizontal

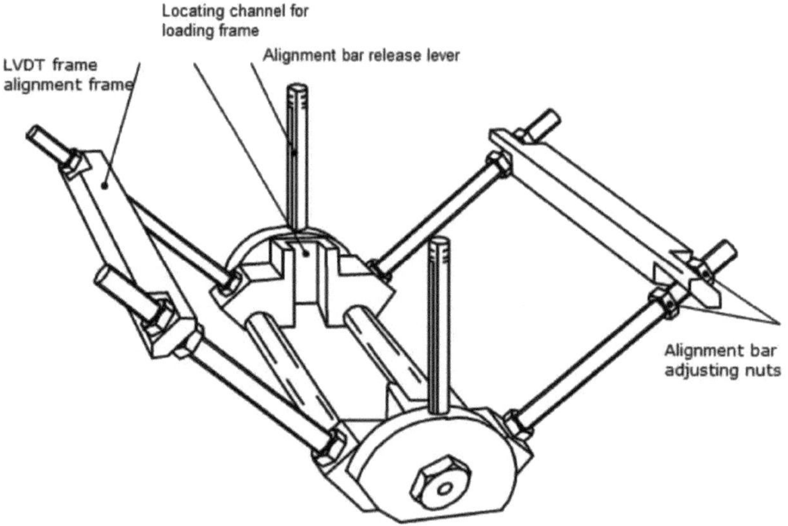

Figura 4.6: Alinhamento do LVDT

4.2.1 *O procedimento ITSMT*

De acordo com a norma EN 12697-26:2004, o ensaio foi efectuado de acordo com os seguintes passos

- Fabrico de amostras, tal como referido no capítulo 3
- Medição das dimensões das amostras: uma média de quatro espessuras e seis diâmetros foram medidos utilizando um vernier digital com o objetivo de obter uma maior precisão.
- Armazenar a amostra um dia antes do ensaio numa estufa a 20 °C
- A calibração da máquina de ensaio foi confirmada pelo técnico, a fim de se ajustar às espessuras das amostras.
- Condicionar a temperatura da máquina a 20 °C antes do ensaio.
- Introduzir os parâmetros de ensaio no computador para medir a rigidez da amostra em ambos os diâmetros.
- A amostra foi testada sob 10 condições de carga de impulsos e depois 5 impulsos para cada diâmetro, como se mostra na Figura 4.7.

O procedimento pormenorizado é apresentado no apêndice B.

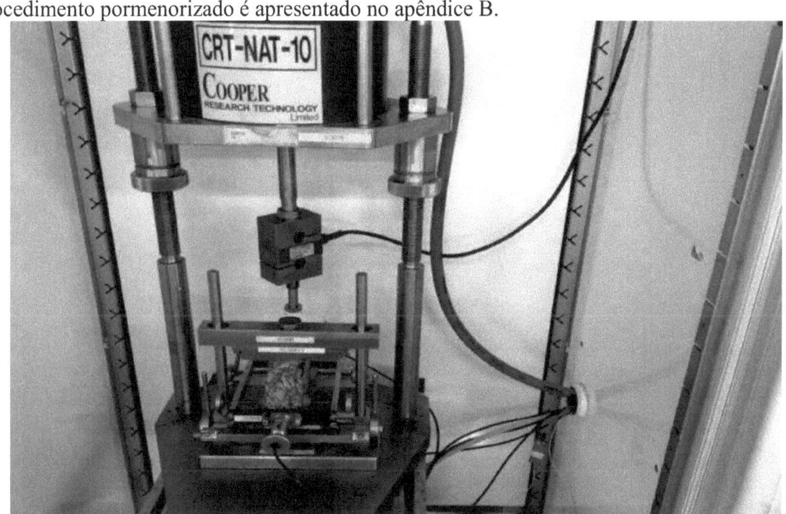

Figura 4.7: Teste de amostra para ITSMT

4.2 Ensaio de carga axial repetida (RLAT)

Este ensaio define um processo para determinar a resistência à deformação permanente da mistura de asfalto, aplicando uma carga e uma temperatura relativamente semelhantes às das estradas reais existentes. O ensaio parece ser aplicável à camada de desgaste, à camada de base e à base de estrada, devido ao facto de fornecer parâmetros de ensaio adequados. Os parâmetros de ensaio de acordo com a norma BS DD 226:1996 são os seguintes:

> Temperatura de ensaio: 30±0.5 °C

> Tensão de condicionamento: 10±l kPa durante 600±6 segundos

> Tensão efectiva: 100±2 kPa para 1800 impulsos, o que equivale a 3600 segundos, uma vez que cada impulso consiste num segundo de carga e num segundo de repouso, a fim de dar uma oportunidade de recuperação à mistura.

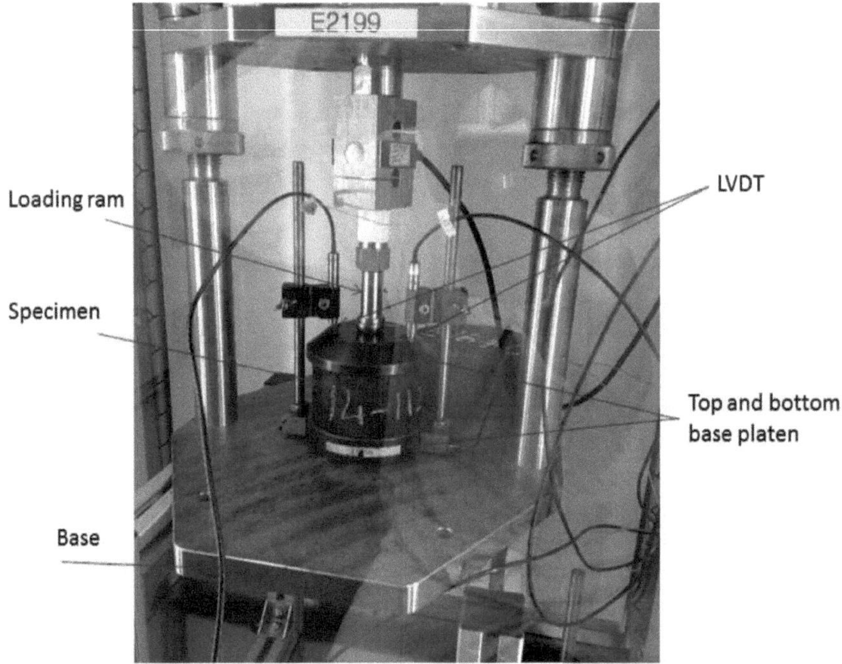

Figura 4.8: Máquina RLAT e componentes principais

A tensão axial é medida pelo computador a partir do rácio de deformação da altura original em relação à altura deformada, como indicado na equação 4.2, de acordo com a norma BS DD 226:1996.

$$\varepsilon_{d,(n,T)} = \frac{\Delta h}{h_0} \qquad \text{......4.2}$$

$\varepsilon d(n,T)$: é a deformação axial causada ao provete após *n* aplicações de carga à temperatura *T* (em °C);

h_0 : é a distância original entre as superfícies de carga do provete (em mm);
Δh: é a deformação axial (variação da distância entre as superfícies de carga do provete) (em mm).

4.3.1 O procedimento RLAT

O RLAT foi efectuado de acordo com a norma BS DD 226:1996, com as seguintes fases:

- Preparação da amostra conforme descrito no capítulo 3
- Medição das dimensões do espécime: todas as medições das dimensões do espécime são as mesmas que as medidas no ITSMT, porque é utilizada a mesma amostra.
- Armazenar a amostra um dia antes do ensaio numa estufa a 30 °C
- A calibração da máquina de ensaio foi confirmada pelo técnico, a fim de se ajustar às espessuras das amostras.
- Condicionar a temperatura da máquina a 30 °C antes do ensaio.
- Introduzir os parâmetros de ensaio no computador para medir a deformação axial da amostra.
- A amostra foi ensaiada sob uma condição de carga de 10 kPa durante 600 segundos, de modo a garantir que o prato de carga é colocado corretamente antes do início da medição da deformação, como se mostra na Figura 4.9.

O procedimento pormenorizado pode ser consultado no apêndice B.

Figura 4.9: Exemplo de ensaio axial de carga repetida

4.4 Ensaio de tração das rodas (WTT)

O ensaio de tração das rodas é o ensaio mais popular entre os ensaios de mistura utilizados para a simulação e avaliação da deformação permanente ao longo de muitos anos. O ensaio foi efectuado de acordo com a norma BS 598-110:1998. O ensaio determina a suscetibilidade dos materiais betuminosos a diferentes temperaturas, conforme exposto às pressões de carga na estrada. A técnica é adequada para a camada superficial de estradas de pavimento asfáltico com espessuras de cerca de 50 mm. Os parâmetros de ensaio de acordo com a BS 598-110:1998 são:

> Temperatura de ensaio: 45 °C ou 60 °C,

> Duração do ensaio: 45 min ou 1900 ciclos,

> O ensaio é efectuado quando a profundidade do sulco atinge 15 mm ou 45 minutos,

> Carga:(520±5] N,

> A profundidade do sulco é medida em: mm ou mm/hr.

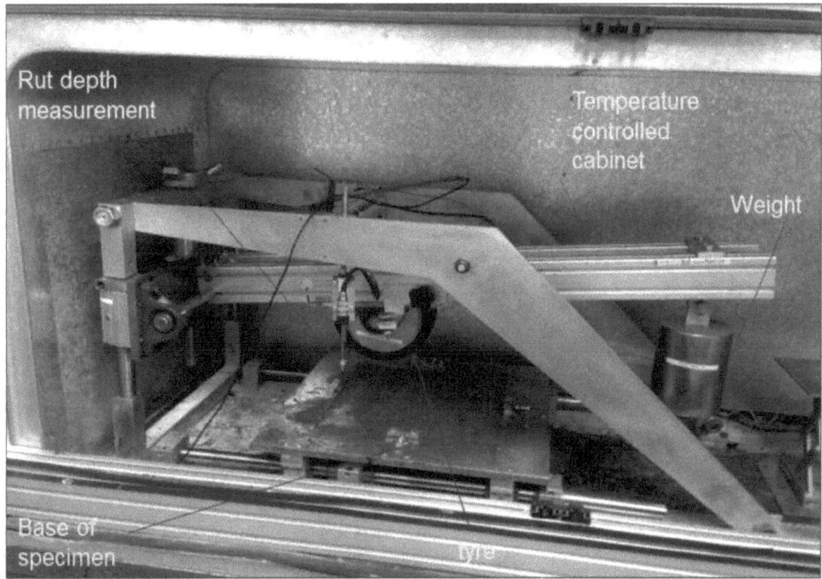

Figura 4.10: Principais componentes da máquina de rastreio de rodas

4.4.1 *Procedimento de ensaio de tração das rodas*

O ensaio foi efectuado de acordo com a norma BS 598-110:1998 com os seguintes procedimentos:

- A preparação e a compactação das amostras foram efectuadas utilizando uma máquina giratória e um rolo compactador, tal como descrito no capítulo três.
- Condicionar a máquina e o forno para armazenar o provete a uma temperatura de 60 °C durante 4 a 16 horas antes do ensaio.
- Calibrar a carga para 520±5 N e nivelar o braço para que não tenha uma inclinação superior a 1 grau, como indicado na Figura 4.11.
- Introdução dos parâmetros de ensaio no computador para medir a profundidade do cio a cada minuto.

Figura 4.11: Dispositivo de rastreio das rodas durante a calibração da carga para 520 N

CAPÍTULO CINCO: RESULTADOS E DISCUSSÃO

5.1 Nível de compactação

Todas as amostras foram compactadas por compactação giratória, tal como descrito no capítulo 3, e os resultados são apresentados no Quadro 5.1.

Gyratory Compaction (EN 12697-31) Version 3.1.0					
Description	Number of samples	Achieved density (kg/m^3)	Maximum density (kg/m^3)	Compaction level (%)	Compaction level average of five samples (%)
Control (Pen 40/60)	14-1384	2,417	2,586	93	94
	14-1385	2,434	2,586	94	
	14-1386	2,404	2,586	93	
	14-1387	2,447	2,586	95	
	14-1388	2,471	2,586	96	
12% of CRM	14-1123	2,405	2,586	93	93
	14-1124	2,315	2,586	90	
	14-1125	2,401	2,586	93	
	14-1126	2,457	2,586	95	
	14-1127	2,392	2,586	92	
15% of CRM	14-1128	2,430	2,586	94	94
	14-1129	2,430	2,586	94	
	14-1130	2,434	2,586	94	
	14-1131	2,429	2,586	94	
	14-1132	2,413	2,586	93	
18% of CRM	14-1133	2,422	2,586	94	93
	14-1134	2,393	2,586	93	
	14-1135	2,385	2,586	92	
	14-1136	2,391	2,586	92	
	14-1137	2,400	2,586	93	

Tabela 5.1: Nível de compactação de todos os provetes preparados para o ensaio

Todas as amostras foram compactadas num compactador giratório, tal como descrito no capítulo três. Os resultados são apresentados na Tabela 5.1. Pode ver-se que todas as amostras foram compactadas muito bem, a um nível superior a 93%. Este é um bom indicador para atingir o teor de vazios de ar pretendido utilizando o método da folha de alumínio, como se mostra na Tabela 5.2. O teor de vazios de ar foi determinado após o cálculo da densidade aparente da mistura de acordo com a norma BS EN 12697-6:2012.

O procedimento pormenorizado para o cálculo efetivo do teor de vazios de ar pode ser consultado no apêndice C.

Foil method for air void determination				
Description	**Number of samples**	**Designed air void (%)**	**Achieved air void from foil method (%)**	**Average achieved air void of five samples using foil method (%)**
Control (Pen 40/60)	14-1384	5.0	6.5	**5.9**
	14-1385	5.0	5.9	
	14-1386	5.0	7.0	
	14-1387	5.0	5.4	
	14-1388	5.0	4.4	
12% of CRM	14-1123	5.0	4.8	**5.4**
	14-1124	5.0	8.9	
	14-1125	5.0	4.5	
	14-1126	5.0	3.1	
	14-1127	5.0	5.9	
15% of CRM	14-1128	5.0	4.3	**4.3**
	14-1129	5.0	4.7	
	14-1130	5.0	4.2	
	14-1131	5.0	3.6	
	14-1132	5.0	4.8	
18% of CRM	14-1133	5.0	4.5	**5.4**
	14-1134	5.0	6.4	
	14-1135	5.0	5.6	
	14-1136	5.0	5.8	
	14-1137	5.0	4.6	

Tabela 5.2: Índice de vazios de ar de todos os espécimes preparados para os ensaios

O índice médio de vazios de ar comprova o excelente nível de compactação, pois a obtenção de aproximadamente 5,2% de vazios de ar está próxima dos 5,0% previstos. Este facto resulta da precisão do dispositivo Gyro, do processo de preparação das amostras e da orientação dos técnicos. O teor de vazios de ar é um pressuposto importante que deve ser tomado em consideração para efeitos de formulação de misturas de trabalho, devido à sua influência direta na ocorrência de deformações permanentes do pavimento asfáltico devido a sangramento a alta temperatura (devido à falta de teor de vazios de ar), ou na redução da resistência do pavimento asfáltico devido a um elevado teor de vazios de ar.

5.2 Ensaio de recuperação por fluência sob tensão múltipla (MSCRT)

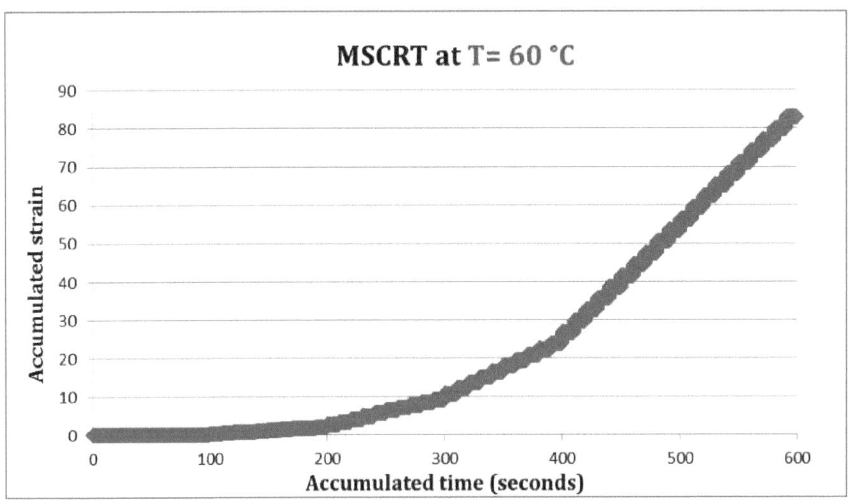

Figura 5.1: Deformação acumulada em função do tempo acumulado para o betume de controlo em seis níveis de tensão

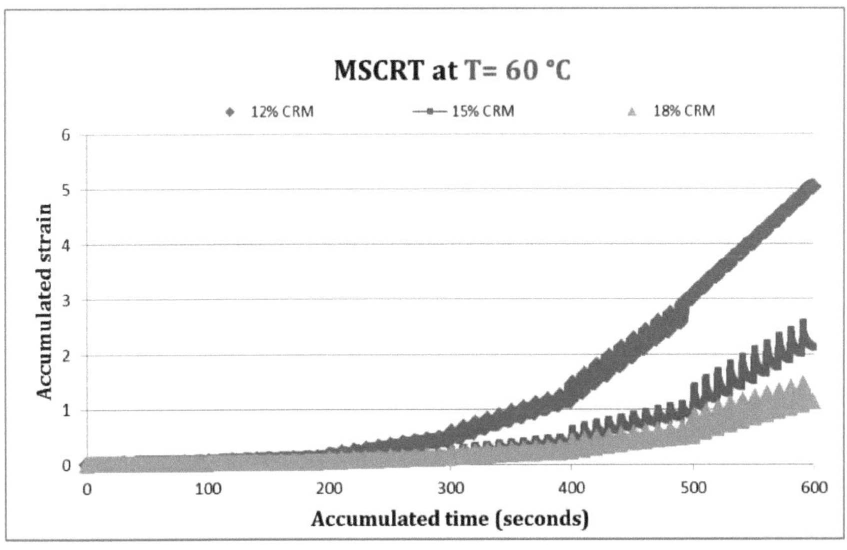

Figura 5.2: Deformação acumulada em função do tempo para as diferentes percentagens de CRM a seis níveis de tensão

As figuras 5.1 e 5.2 demonstram a comparação das diferentes percentagens de MRC e do ligante convencional em termos de deformação acumulada com o tempo em várias fases dos níveis de tensão. A deformação acumulada aumenta gradualmente para os 15% e 18% de MRC, com uma deformação mínima de aproximadamente 1-2 a um nível de tensão elevado de 3,2 kPa, que é a deformação mais baixa em comparação com 12% de MRC e o betume de controlo (Figuras 5.1 e 5.2). A deformação acumulada de 12% de MRC aumenta normalmente nos primeiros cinco níveis de tensão, mas ao nível de tensão de 3,2 kPa aumenta rapidamente até atingir a deformação de 5 para 12% de MRC e 85 para o betume convencional. Como se pode ver nas figuras, existe uma grande diferença entre o betume convencional e o betume modificado com MRC, porque a deformação máxima do ligante convencional é de cerca de 85, mas para a deformação média dos ligantes modificados é de aproximadamente 3; isto deve-se ao efeito de borracha fragmentada, através do qual a elasticidade do ligante aumenta para recuperar aos nove segundos da fase de descarga. Além disso, a adição de CRM ao betume aumenta a rigidez do ligante, de modo a inibir a deformação durante as aplicações de carga.

As figuras 5.3 e 5.4 ilustram as diferenças entre o ligante modificado com CRM e o betume de controlo em termos de recuperação e não recuperação sob vários níveis de tensão. É óbvio a partir das figuras que 15% e 18% de CRM dão a percentagem máxima de recuperação (80-85 por cento) e a mais baixa conformidade de não recuperação (J_{nr}]. Inversamente, o ligante de controlo apresenta a percentagem mais baixa de recuperação (aproximadamente zero) e a mais elevada de não recuperação, devido ao efeito significativo do MRC, que dá uma resposta elástica ao betume de modo a recuperar mais, mesmo a temperaturas e níveis de tensão mais elevados.

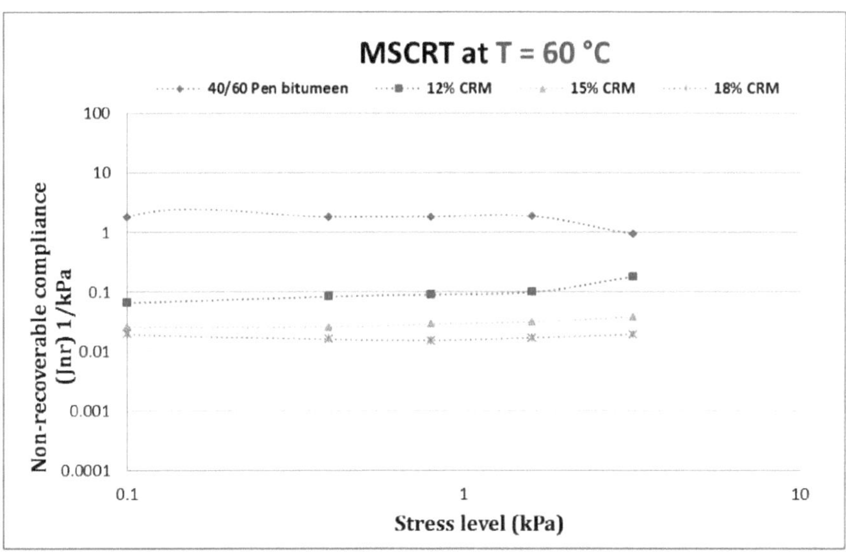

Figura 5.3: Não-recuperação de conteúdo convencional e de diferentes percentagens de CRM a vários níveis de stress

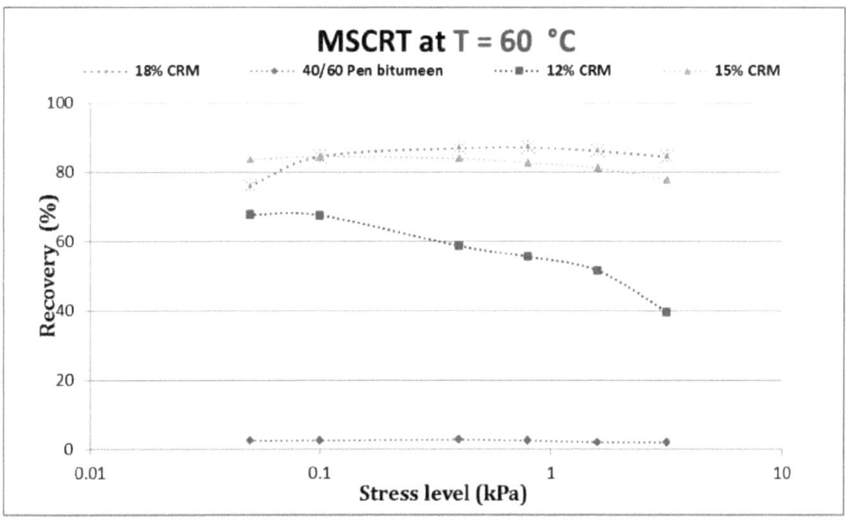

Figura 5.4: Percentagem de recuperação do teor de CRM convencional e diferente em vários níveis de tensão

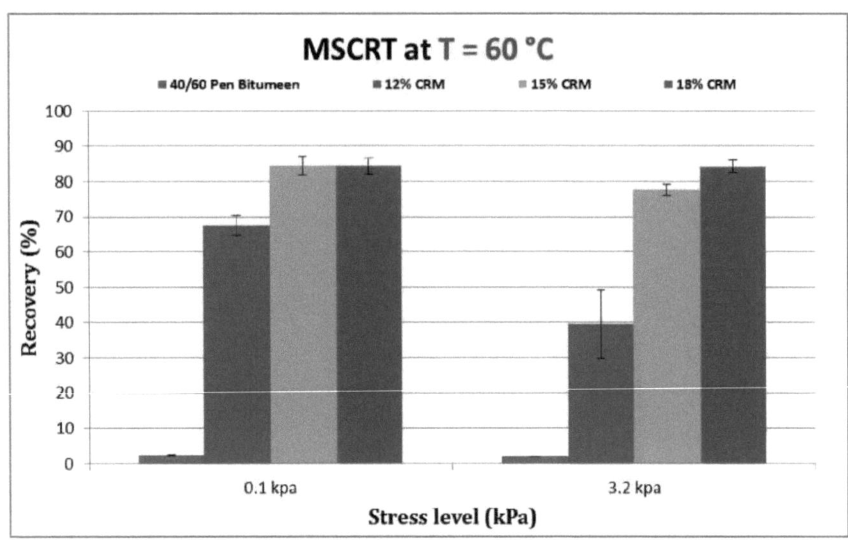

Figura 5.5: Comparação da percentagem de recuperação de diferentes percentagens de teor de CRM a diferentes níveis de tensão

A Figura 5.5 mostra uma imagem clara do estado exato da resposta do ligante à carga de fluência em dois níveis de tensão. Esta figura demonstra que as diferenças das respostas dos ligantes modificados a níveis de tensão baixos são insignificantes, mas a um nível de tensão elevado as diferenças entre as percentagens de MRC aparecem claramente, mas o betume convencional não foi afetado em ambos os níveis de tensão devido ao facto de não conter o elemento que produz a recuperação, como o MRC. Isto significa que os níveis de tensão desempenham um papel significativo na determinação da otimização da modificação do polímero. No entanto, existem resultados diferentes entre os ensaios de betume utilizando o MSCRT e os ensaios de mistura utilizando o ITSMT, o RLAT e o WTT. De acordo com o MSCRT, os resultados mostram que 18% de CRM oferece a máxima resistência à deformação permanente e pode ser selecionado como a percentagem óptima de CRM. Por outro lado, de acordo com o ITSMT e o RLAT, 12% do MRC proporciona a maior rigidez e a menor deformação axial; por essa razão, esta percentagem de MRC (12%) foi selecionada para a realização do WTT. Por conseguinte, é difícil decidir qual é a percentagem óptima de MRC realizando apenas ensaios de betume ou de mistura devido ao efeito do agregado na mistura e à temperatura de ensaio (porque todos os ensaios foram realizados a diferentes temperaturas, de acordo com as suas especificações normalizadas).

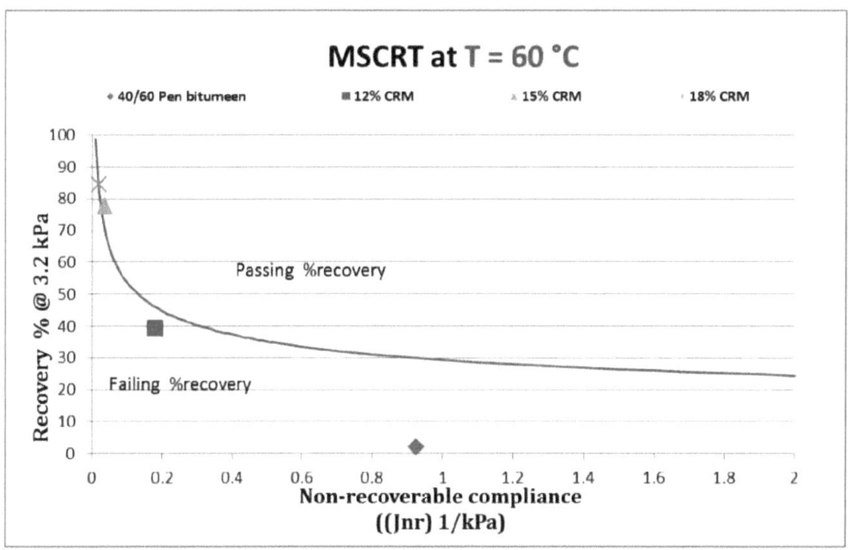

Figura 5.6: Percentagem de aprovação e reprovação de acordo com a resposta elástica da AASHTO a 3,2 kPa

A Figura 5.6 confirma a especificação da AASHTO para a resposta elástica do ligante em termos de recuperação e não recuperação ao nível de tensão de 3,2 kPa. De acordo com esta especificação, a curva da AASHTO separa duas regiões de respostas elásticas e classifica a parte superior como recuperando e a parte inferior como falhando. Os resultados ilustram que 15% e 18% do MRC passaram a região de recuperação, mas 12% do MRC e o ligante convencional não conseguiram atingir a região de recuperação, o que se deve a uma menor resposta elástica ao nível de tensão de 3,2 kPa. Isto significa que os 15% e 18% de MRC têm a máxima resistência à deformação permanente e também confirma os valores anteriores, que deram a percentagem máxima de recuperação.

5.3 Ensaio de módulo de rigidez à tração indireta (ITSMT)

A Tabela 5.3 apresenta os resultados da mistura convencional e modificada com 12%, 15% e 18% de MRC; os resultados pormenorizados de cada amostra podem ser consultados no Apêndice E.

Description	Number of samples	Stiffness of 1st diameter (MPa)	Stiffness of 2nd diameter (MPa)	Diff. betw.1st and 2nd should be in accordance with +10% or -20%	Average Stiffness (MPa)	Average of five samples (MPa)
Control (Pen 40/60)	14-1384	4,177	4,123	1.29	4,150	4,629
	14-1385	5,027	4,907	2.39	4,967	
	14-1386	4,400	4,186	4.86	4,293	
	14-1387	4,574	4,309	5.79	4,442	
	14-1388	5,494	5,088	7.39	5,291	
12% CRM	14-1123	11,269	11,938	-5.94	11,604	10,906
	14-1124	10,748	11,004	-2.38	10,876	
	14-1125	10,885	10,902	-0.16	10,894	
	14-1126	10,221	9,635	5.73	9,928	
	14-1127	11,634	10,821	6.99	11,228	
15% CRM	14-1128	9,713	11,352	-16.87	10,533	10,184
	14-1129	9,700	10,134	-4.47	9,917	
	14-1130	9,679	9,748	-0.71	9,714	
	14-1131	10,447	10,174	2.61	10,311	
	14-1132	10,287	10,604	-3.08	10,446	
18% CRM	14-1133	9,898	9,337	5.67	9,618	8,716
	14-1134	7,827	8,302	-6.07	8,065	
	14-1135	8,370	8,107	3.14	8,239	
	14-1136	8,861	8,587	3.09	8,724	
	14-1137	9,024	8,849	1.94	8,937	

Tabela 5.3 : Resultados da rigidez média de todas as amostras (controlo e modificada com CRM)

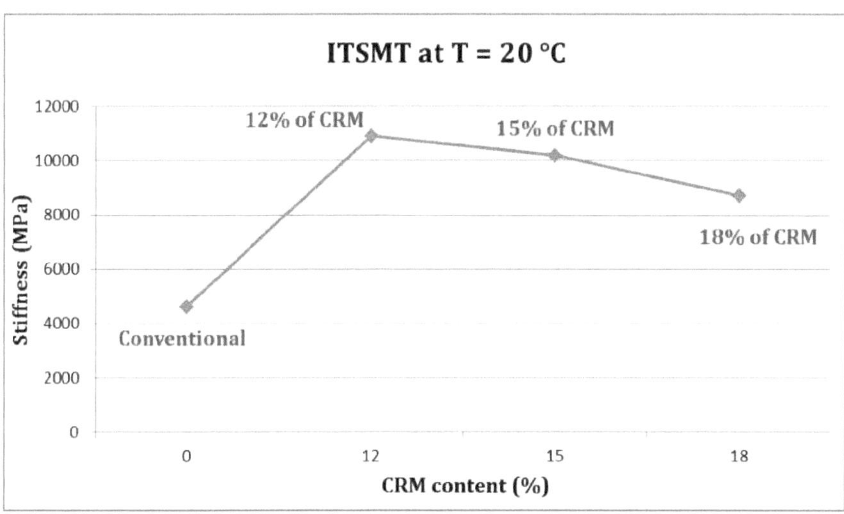

Figura 5.7: Módulo de rigidez médio para o modelo convencional e o modelo modificado com CRM

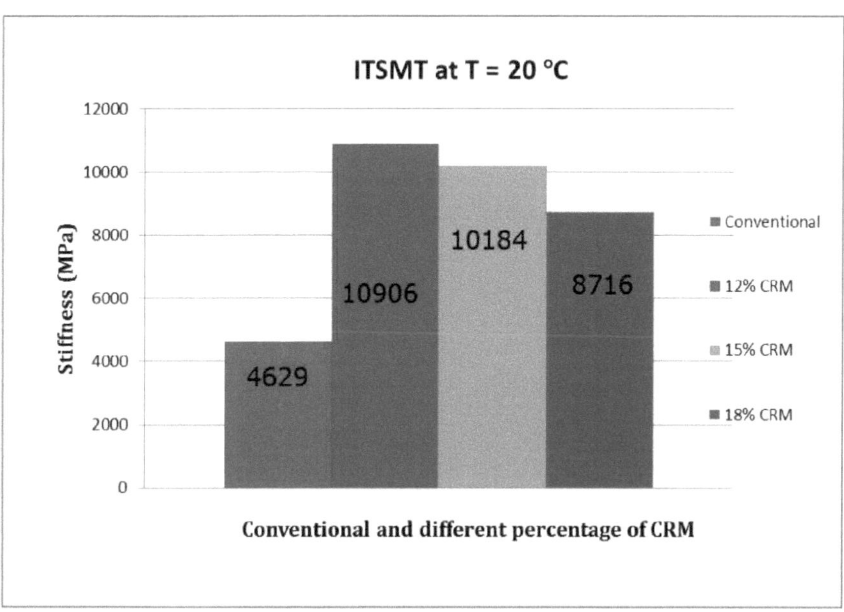

Figura 5.8: Módulo de rigidez médio para o modelo convencional e o modelo modificado com CRM

Como se mostra nas Figuras 5.7 e 5.8, foram utilizadas três percentagens de CRM e de mistura convencional neste ensaio. É óbvio a partir da Figura 5.7 que a mistura convencional tem uma rigidez de cerca de 4600 MPa, e este valor é inferior ao dobro da mistura modificada com CRM, especificamente com 12 por cento de mistura CRM, que dá maior rigidez do que 15 e 18 por cento de CRM. A partir da Figura 5.8, pode ver-se que, após 12% de CRM, o aumento da percentagem de CRM não tem qualquer benefício na melhoria da rigidez da mistura. Isto indica que 12% da mistura de MRC é a proporção óptima que deve ser utilizada para a modificação da mistura em termos de deformação permanente, de acordo com este ensaio, porque o aumento da rigidez da mistura proporciona uma boa estabilidade do pavimento e oferece uma maior resistência à carga das rodas dos veículos. No entanto, a adição de MRC não é o único fator para aumentar a rigidez da mistura; o teor de agregado e de ligante tem o mesmo efeito na rigidez da mistura. Além disso, o aumento do teor de ligante proporciona uma mistura mais macia, o que resulta numa menor rigidez da mistura. Por outro lado, o aumento do teor de agregado proporciona uma maior rigidez, mas causa o problema dos efeitos de revestimento do agregado na trabalhabilidade da mistura. Consequentemente, sugere-se que a utilização de betume adequado proporciona uma trabalhabilidade apropriada e evita o problema do revestimento do agregado durante a mistura.

5.4 Ensaio de carga axial repetida (RLAT)

A Tabela 5.4 mostra os resultados para a mistura convencional e modificada com 12%, 15% e 18% de MRC.

Description	Final axial strain at 1800 pulses (%)	Axial strain average of five samples (%)
Control (Pen 40/60)	2.5287	**2.27**
	2.1056	
	1.3887	
	2.3927	
	2.9256	
12% of CRM	0.3948	**0.30**
	0.3329	
	0.2627	
	0.2392	
	0.2801	
15% of CRM	0.299	**0.35**
	0.3633	
	0.4458	
	0.2026	
	0.4418	
18% of CRM	0.297	**0.35**
	0.4634	
	0.3303	
	0.4749	
	0.1744	

Tabela 5.4: Resultado da deformação axial média de todas as amostras (controlo e modificada com CRM)

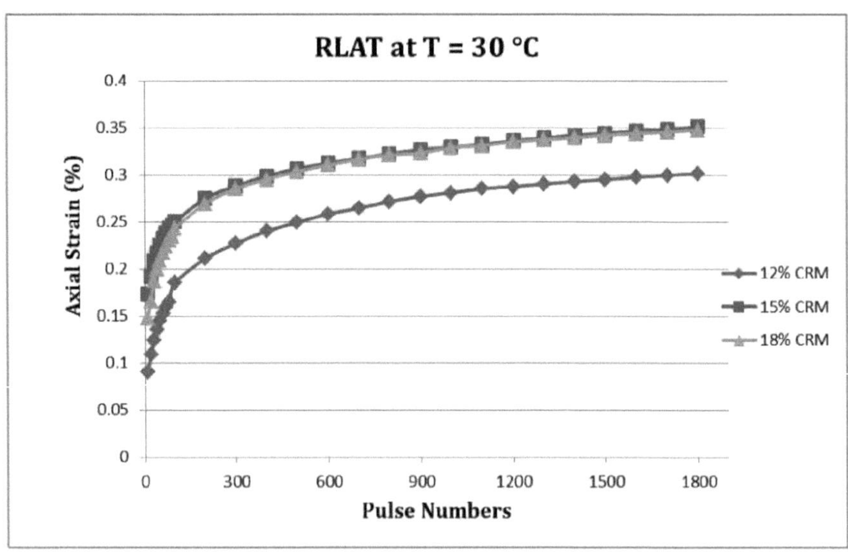

Figura 5.9: Comparação da deformação axial entre diferentes percentagens de CRM em cada número de impulsos de carga

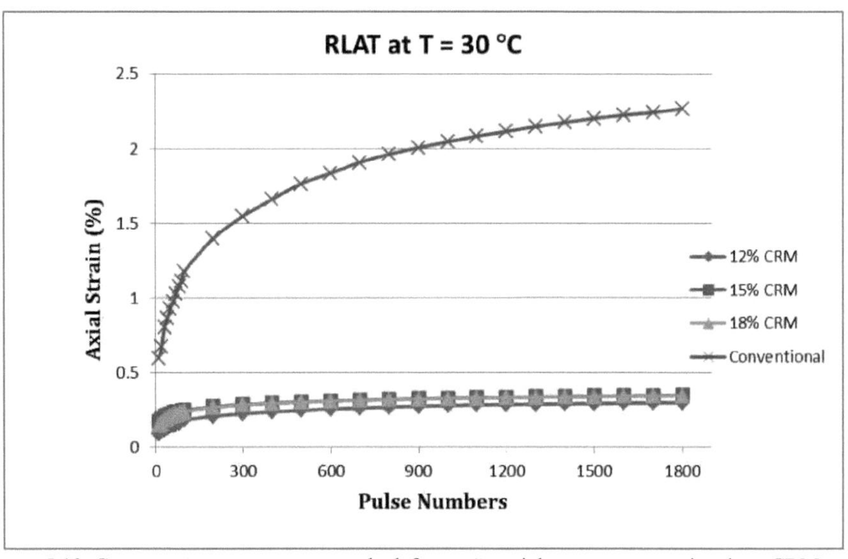

Figura 5.10: Comparação em percentagem da deformação axial entre o convencional e o CRM com diferentes números de impulsos de carga

As mesmas amostras testadas para o ITSMT foram utilizadas para o RLAT. A Figura 5.9 mostra uma comparação de diferentes percentagens de MRC em termos de resistência à carga repetida durante a aplicação de 1800 impulsos de carga. Como se pode ver na Figura 5.9, 12% do MRC tem mais resistência à carga repetida e é menos deformado do que os 15% e 18% do MRC. As misturas com 15 e 18% de CRM resistem ao mesmo valor e ocupam aproximadamente a mesma posição na curva desta figura. Isto significa que a mistura com 12% de CRM oferece uma maior resistência à carga repetida e à deformação permanente e pode supor-se que 12% de CRM é a percentagem óptima que pode ser adicionada à mistura para melhorar as propriedades do betume, de modo a dar a máxima resposta de elasticidade para recuperar após cargas repetidas. No entanto, a diferença entre todas as percentagens de MRC (12, 15 e 18) é insuficiente para determinar a percentagem óptima do teor de MRC, porque existem outros factores que têm um papel significativo na melhoria do desempenho da mistura, como o agregado, que ocupa uma grande percentagem do volume da mistura e compreende aproximadamente 95% em massa. Além disso, o tipo de agregado em termos de forma e textura da superfície, a gradação do agregado para proporcionar uma ligação suficiente entre as partículas e proporcionar um bom esqueleto do agregado e o processo de mistura do betume com a borracha fragmentada são mais importantes (por exemplo, esta última necessita de temperatura e tempo elevados para revestir facilmente o agregado durante a mistura). Todos estes factores são importantes para proporcionar uma mistura com elevado desempenho, de modo a trabalhar com o modificador para descobrir a percentagem exacta ideal de modificador.

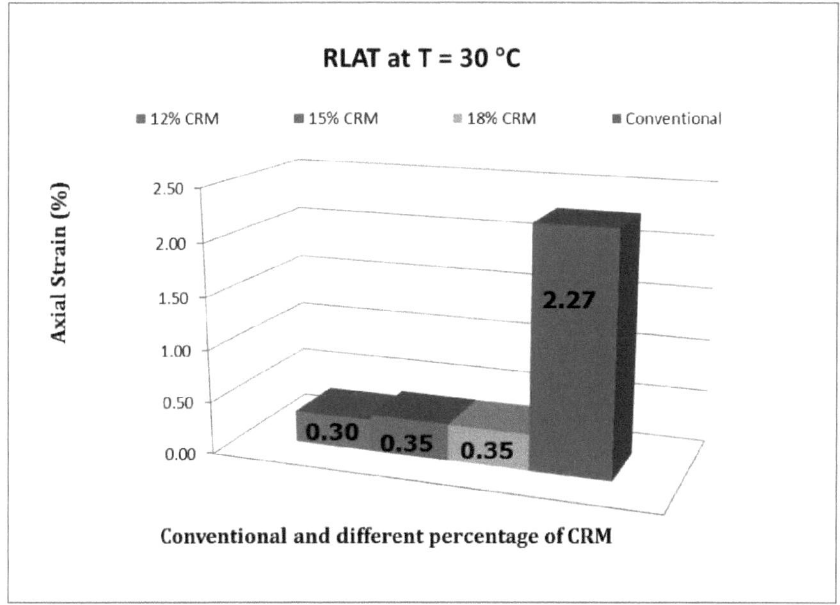

Figura 5.11: Deformação axial final em percentagem das misturas modificadas e não modificadas

Relativamente à mistura convencional, que deu menos rigidez no ITSMT, a Figura 5.10 ilustra que no RLAT também dá maior deformação em termos de tensão axial (aproximadamente 2,27 por cento, como mostra a Figura 5.11); este valor é cerca de 7 vezes o da mistura modificada com CRM, que são 0,30, 0,35 e 0,35, respetivamente, para 12,15 e 18 por cento de CRM, como mostra a Figura 5.11. Este é um bom indicador de que o MRC foi trabalhado perfeitamente para melhorar o desempenho da mistura, especificamente a deformação permanente. No entanto, a espessura da mistura convencional é de 40 mm, o que é inferior à espessura da mistura modificada de MRC em 20 mm, o que pode causar uma deformação mais elevada em relação às misturas modificadas. Além disso, as temperaturas utilizadas nestes dois ensaios seguem as especificações da norma britânica de 20 °C e 30 °C, mas a deformação permanente ocorre normalmente a temperaturas mais elevadas (por exemplo, 50 a 60 °C), como as utilizadas no ensaio de tração das rodas. Por conseguinte, recomenda-se a utilização de temperaturas mais elevadas no RLAT (por exemplo, as normas britânicas permitem a realização do RLAT a 50 °C, de modo a representar as condições reais (em climas/países quentes).

5.5 Relação entre os testes

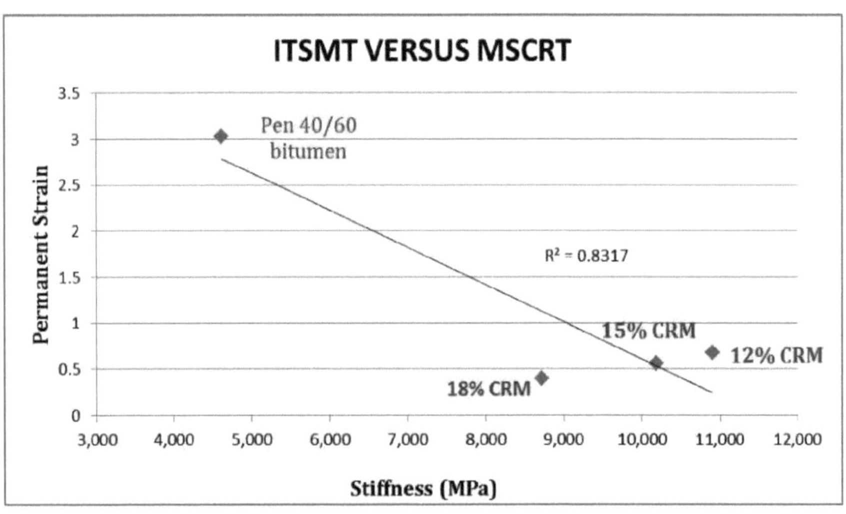

Figura 5.12: Relação entre o ITSMT e o MSCRT

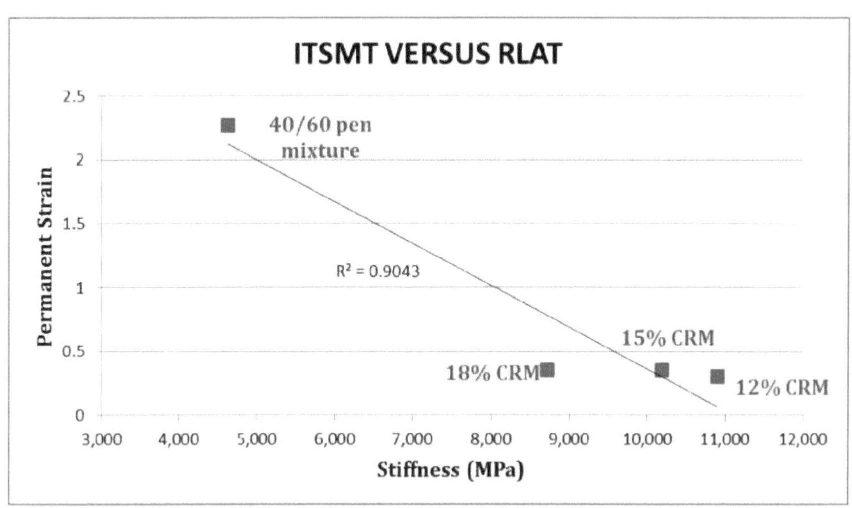

Figura 5.13: Relação entre o ITSMT e o RLAT

As figuras 5.12 e 5.13 mostram o coeficiente de correlação entre a deformação permanente, que é a deformação no primeiro segundo do último ciclo ao nível de tensão de 3,2 kPa no MSCRT, a deformação permanente do RLAT, que é a deformação axial final, e o módulo de rigidez no ITSMT. O coeficiente de correlação é de aproximadamente 0,8317, de acordo com o ensaio de betume utilizando o MSCRT e o ensaio de mistura utilizando o ITSMT, com o convencional e três percentagens de CRM. Relativamente ao RLAT, este tem um coeficiente de correlação ligeiramente superior, que é de cerca de 0,9043. Como é óbvio a partir das Figuras 5.12 e 5.13, a deformação permanente diminui e o módulo de rigidez aumenta com o aumento da percentagem do teor de MRC até atingir 12% de MRC; depois disso, a deformação permanente diminui no MSCRT, mas aumenta no RLAT, e a rigidez diminui em ambos os ensaios após 12% de MRC, o que significa que, após 12% de MRC, a adição de MRC não terá qualquer benefício para a modificação do polímero (portanto, apenas desperdiça material e aumenta o custo).

A Figura 5.14 mostra a relação entre o RLAT e o MSCRT. É óbvio, a partir da Figura, que a adição de MRC diminui a deformação permanente do RLAT, que é a deformação axial final, e a deformação permanente do MSRCT, que é a deformação no primeiro segundo do último ciclo ao nível de tensão de 3,2 kPa, mas é difícil decidir a percentagem óptima de MRC, porque as três percentagens de MRC são próximas, mas 12% poderia ser selecionado por razões económicas e comprovado a partir dos ensaios ITSMT, RLAT e WTT. A importância da relação entre estes ensaios é avaliar e apresentar uma imagem clara das diferenças entre os resultados destes ensaios em termos de resistência à deformação permanente, porque a resistência à deformação permanente depende da percentagem de recuperação do ligante. Os resultados do ensaio MSCRT (e os resultados pormenorizados apresentados no apêndice D) revelam a coesão da mistura quando o material é ensaiado em condições não destrutivas (como no ITSMT) e o atrito interno da mistura quando exposta ao ensaio destrutivo, como o RLAT, em que a amostra é submetida a cargas repetidas.

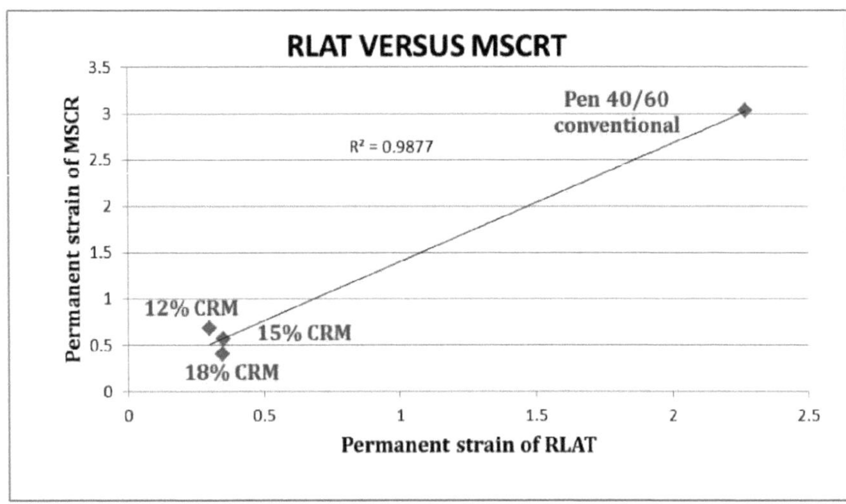

Figura 5.14: Relação entre RLAT e MSCRT

5.6 Ensaio de tração das rodas (WTT)

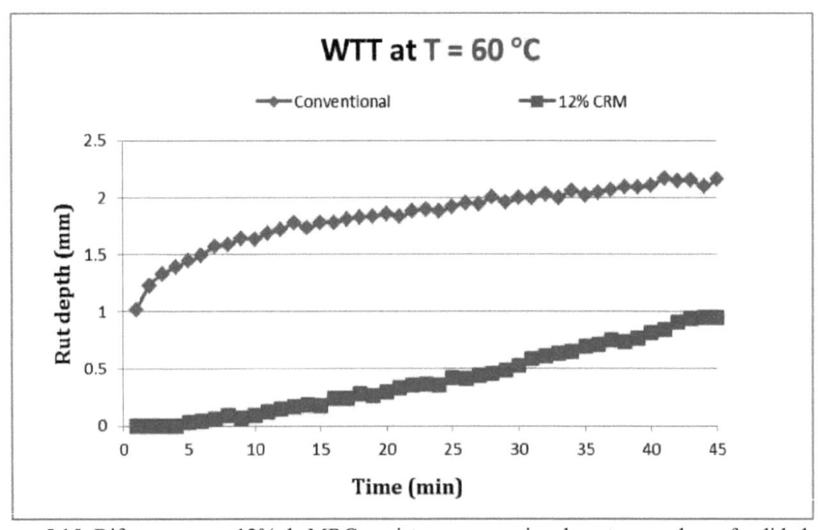

Figura 5.15: Diferença entre 12% de MRC e mistura convencional em termos de profundidade de cio

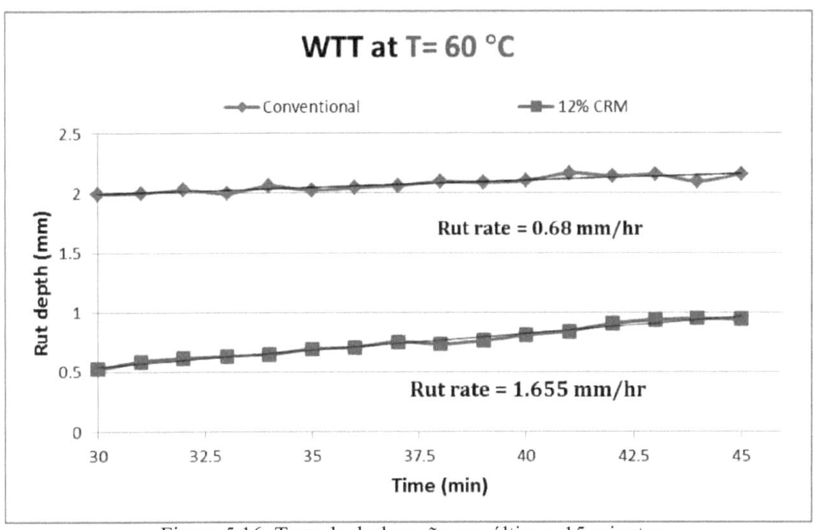

Figura 5.16: Taxa de deslocação nos últimos 15 minutos

Após a realização do ITSMT e do RLAT, verificou-se que 12% de CRM proporciona a máxima rigidez e maior resistência à deformação axial, pelo que foi identificada como uma percentagem óptima de CRM. Por conseguinte, foi selecionada para realizar o ensaio de tração das rodas para a comparar com a mistura convencional, a fim de garantir a otimização. A Figura 5.15 mostra a diferença entre 12% de MRC e a mistura convencional em termos de profundidade do sulco em relação ao tempo sob carga da roda para a duração de 1900 ciclos, o que equivale a 45 minutos. De acordo com a figura, pode ver-se que existe uma diferença significativa entre estas duas misturas em termos de resposta à carga da roda. A mistura convencional deforma-se facilmente durante o primeiro minuto de carga e aumenta gradualmente a sua deformação até atingir cerca de 2,30 mm no final do ensaio, o que é cerca do dobro da deformação da mistura modificada com 2% de CRM. No entanto, a curva convencional na figura 5.15 dá a resposta normal padrão à carga da roda em comparação com os 12% de CRM que não é uma curva normal da qual é exibida na figura e também a taxa de rutura dos 12% de CRM que é mostrada na figura 5.16 é maior do que a mistura convencional; isso poderia ser resolvido continuando o teste por mais 45 minutos ou realizando o teste para as amostras adicionais, a fim de descobrir as mudanças de seus resultados, mas infelizmente não foi feito porque este é um MSc. O projeto de verão tem um limite de tempo específico para a preparação de uma dissertação. De um modo geral, existe uma relação significativa entre o MSCRT e o WTT em termos de recuperação do betume após a aplicação de carga, a semelhança da temperatura de ensaio e a concessão de um descanso ao provete durante as aplicações de carga. Por exemplo, no que diz respeito à recuperação da mistura, a Figura 5.15 mostra claramente que 12% do MRC recupera no máximo de ciclos de passagem da roda, e percebeu-se durante o ensaio que a profundidade do sulco mostrada no ecrã do computador ligado à máquina de rasto da roda resultou num aumento e diminuição da deformação num curto período de tempo, o que se deve ao efeito do MRC adicionado à mistura para aumentar a sua elasticidade, melhorando a recuperação após cada aplicação de carga e aumentando a resistência à deformação permanente. Em contrapartida, a diferença importante entre os dois ensaios é que o MSCRT é mais económico do que o WTT devido ao desperdício de material e ao método de preparação da amostra neste último.

CAPÍTULO SEIS: CONCLUSÕES E RECOMENDAÇÕES

6.1 Conclusões

Com base nos resultados dos ensaios de ligantes [MSCRT], o betume que contém CRM oferece uma recuperação óptima em comparação com o betume convencional; isto significa que o betume tem uma resposta elástica máxima à aplicação de carga, o que gera uma resistência máxima à deformação permanente. De acordo com os ensaios de mistura, os resultados mostram que a adição de teor de MRC à mistura dá o módulo de rigidez máximo, maior resistência à tensão axial e máxima resistência à deformação permanente, mas este aumento de MRC funciona até atingir um ótimo de 12% de MRC em relação ao peso do betume; depois disso, a adição de MRC à mistura não tem qualquer benefício na modificação da mistura, tornando-se apenas um desperdício de material com base nos resultados dos ensaios de mistura. A partir do coeficiente de correlação na relação entre o módulo de rigidez e a deformação permanente, é notório que o coeficiente de correlação dá uma indicação significativa dos parâmetros de ensaio em que se pode confiar em termos de desempenho do pavimento asfáltico para identificar a resistência máxima à deformação permanente, porque estes ensaios satisfazem as três condições exigidas para a determinação da resistência ao sulco. Por exemplo, o ITSMT satisfaz a coesão da mistura devido a uma amostra de ensaio não destrutiva, o RLAT satisfaz o atrito interno entre agregados devido a amostras de ensaio destrutivo por exposição a carga axial, e o MSCRT determina a percentagem de recuperação do material, que é a parte mais importante na determinação do desempenho do pavimento asfáltico em termos de resistência ao esgarçamento.

6.2 Recomendações

Para melhorar os resultados obtidos com o ligante e a mistura testados, e a qualidade das preparações de amostragem, são feitas as seguintes sugestões para trabalhos futuros:

1. Utilização de uma instalação de mistura automática em vez de manual para misturar o agregado com o betume a uma temperatura normalizada especificada, a fim de obter o teor exato de vazios de ar (com densidade máxima, e todo o agregado a ser revestido perfeitamente).
2. Neste estudo, foi utilizado apenas um tipo de MRC (tipo ambiente); recomenda-se a utilização de um segundo tipo de MRC, como o criogénico, a fim de descobrir as

diferenças na resistência à deformação permanente.

3. Sugere-se a realização de mais ensaios com o betume e a mistura a várias temperaturas, a fim de determinar o efeito significativo da suscetibilidade à temperatura no desempenho do pavimento asfáltico.

4. Este estudo foi realizado com três percentagens de MRC (12%, 15% e 18%) em relação ao peso do ligante e de acordo com os ensaios de mistura que identificaram 12% como a proporção óptima. Recomenda-se a realização de ensaios com percentagens de MRC inferiores a 12%, a fim de minimizar os custos da utilização de material adicional, caso percentagens inferiores de MRC proporcionem uma resistência óptima ao afundamento.

5. Recomenda-se um estudo de doutoramento para uma investigação mais aprofundada sobre o efeito do agregado dentro da mistura modificada, utilizando ensaios de mistura e comparando com o ensaio de ligante, como o MSCRT, a fim de provar o MSCRT, porque utilizar apenas o ensaio de ligante por MSCRT é mais económico do que os ensaios de mistura.

Referências

Ahirich, C. R. [1996] *Influence of Aggregate Gradation and Particle Shape/Texture on Permanent Deformation of Hot Mix Asphalt Pavements.* Corpo de Engenheiros do Exército dos EUA: Relatório Técnico GL-96-01

Airey, G.D. [2009] "Bitumen properties and test methods". *ICE Manual of Construction Materials* Capítulo 23,263-272

Airey, G., Lopresti, D., Memon, N. [2012] *Influência das condições de processamento na reologia do betume modificado com borracha de pneu.* Nottingham: Centro de Engenharia de Transportes de Nottingham Universidade de Nottingham [em linha]

Airey, G.D. [2003] 'Rheological properties of styrene butadiene styrene polymer modified road bitumens'. *Fuel* [em linha] 82(4), 1709-1719

Akisetty, C.K., Lee, S.J., Amirkhanian, S.N. [2009] "Propriedades a alta temperatura de ligantes de borracha contendo aditivos de asfalto quente". *Construção e Materiais de Construção* [em linha] 23(1), 565-573

Sociedade Americana de Ensaios e Materiais (2013) Método de Teste Padrão para Fluência e recuperação de tensões múltiplas (MSCR) do aglutinante de asfalto usando um reômetro de cisalhamento dinâmico, ASTM D7405 - 10a: 2013.

Amirkhanian, N.S , Lee S.J., Putman, B. J., e Kim,W. K. (2007] 'Laboratory Study of the Effects of Compaction on the Volumetric and Rutting Properties of CRM Asphalt Mixtures'. *Journal of Materials in Civil Engineering* [online] 19(12), 1079-1089

Amirkhanian, N.S.,Lee, S.J, Akisetty, K.Ch. (2008) 'The effect of crumb rubber modifier (CRM) on the performance properties of rubberized binders in HMA pavements'. Construction and Building Materials [online] 22,1368-1376

Bennert, T., Maher, A. e Smith, J. (2004) *Evaluation of crumb rubber in hot mix asphalt.* Universidade de Rutgers: Washington [online]

Norma Britânica (2012) Bituminous mixtures. Métodos de ensaio para mistura de asfalto a quente. Determinação da densidade de espécimes betuminosos, BS EN 12697-6: 2012.

Norma Britânica (2009) Betumes e ligantes betuminosos. Especificações para betumes de pavimentação, BS EN 12591:2009.

British Standard (2004) Bituminous mixtures Test methods for hot mix asphalt, BS EN 1269726:2004.

Norma Britânica (2005) Macadame revestido (betão asfáltico) para estradas e outras áreas pavimentadas. Especificação para materiais constituintes e para misturas, BS 4987-1:2005.

Norma Britânica [1998] Métodos de ensaio para a determinação da velocidade e profundidade de deslocação das rodas. Amostragem e exame de misturas betuminosas para estradas e outras áreas pavimentadas, BS 598-110:1998.

Norma Britânica [1996] Método para determinar a resistência à deformação permanente de misturas betuminosas sujeitas a cargas dinâmicas não confinadas, BS DD 226:1996.

Cao, [2007] "Estudo das propriedades de misturas asfálticas modificadas com borracha de pneus reciclados utilizando o processo seco". Materiais de construção [em linha] 21(5), 1011-1015

Ching, W.C. and Win-gun, W. [2007] 'Effect of crumb rubber modifiers on high temperature susceptibility of wearing course mixtures'. *Construction and Building Materials* [em linha] 21(8),1741-1745

Fontes, L.P.T.L., Triches, G., Pais, J.C. and Pereira, P.A.A. [2010] 'Evaluating permanent deformation in asphalt rubber mixtures'. Construção e Materiais de Construção [em linha] **24(7),** 1193-1200

Gibbs, M.J. (1996) Evaluation ofResistance to Permanent Deformation in the Design of Bituminous Paving Mixture (Avaliação da Resistência à Deformação Permanente no Projeto de Misturas para Pavimentação Betuminosa). Tese de doutoramento não publicada. Nottingham: Universidade de Nottingham.

Khan, K.M. (2008) *Impact of Superpave Mix Design Method on Rutting Behaviour of Flexible Pavements [Impacto do método de conceção de misturas superpavimentadas no comportamento de cio dos pavimentos flexíveis].* Tese de doutoramento não publicada. Taxila: Universidade de Engenharia e Tecnologia de Taxila

Khanzada, Sh. (2000) *Deformação permanente em misturas betuminosas.* Tese de doutoramento não publicada. Nottingham: Universidade de Nottingham.

Kirk, J.V. (2000) *Reduced Thickness Asphalt Rubber Concrete Leads to Cost Effective Pavement Rehabilitation".* '1st International Conference World of Pavements', realizada de 20 a 24 de fevereiro de 2000 em Sydney: Austrália

Lavin, P.G. (2003) *Asphalt Pavements.* Londres: Taylor & Francis Group

McGennis, R.B., Anderson, R. M., Kennedy, T. W. and Solaimanian, M. (1995) 'Background Of Superpave Asphalt Mixture Design & Analysis'. Publicação n.º FHWA-SA-95-003. Projeto de Demonstração 101 do Centro Nacional de Formação em Asfalto

McQuillen, J.L., Takallou, H.B., Hicks, R.G., e Esch, D. (1988) 'Economic Analysis of Rubber

Modified Asphalt Mixes' (Análise Económica de Misturas Asfálticas Modificadas com Borracha). *Journal of Transportation* Engineering [em linha] **114(3),** 259277

Myhre, M" Saiwari, S., Dierkes, W" Noordermeer, J. (2012) 'RUBBER RECYCLING: CHEMISTRY, PROCESSING, AND APPLICATIONS'. Rubber Chemistry and Technology [em linha] 85(3),408-449

Palit, S.K., Reddy, K.S., Pandey, B.B. [2004] 'Laboratory Evaluation of Crumb Rubber Modified Asphalt Mixes'. *Journal of Materials in Civil Engineering* [em linha] 16(1), 45-53

Putman B.J. [2005] *Quantificação dos efeitos da borracha fragmentada no ligante CRM.* Tese de doutoramento não publicada. Clemson. Universidade de Clemson.

Robinson, H.L. [2004] 'Polymers in Asphalt'. *Rapra Review Report* [em linha] 15(11), 23-29.

Sousa, J.B., Solaimanian, M., Weissman, S.L. (1994) *Desenvolvimento e utilização do ensaio de cisalhamento repetido (altura constante): um ensaio opcional de conceção de misturas Superpave. SHRP-A-698.* Washington: Strategic Highway Research Program [online]

Thom, N. (2008). *Princípios de Engenharia de Pavimentos,* Londres: Thomas Telford

White, T. D., Johnson, S. R., Yzenas, J. J. (2001) Aggregate Contribution to Hot Desempenho da mistura de asfalto (HMA). West Conshohocken, PA, EUA

Williams, S.G. (2003) *The Effects of HMA Mixture Characteristics on Rutting Susceptibility (Os Efeitos das Características da Mistura de HMA na Suscetibilidade ao Cio).* Reunião anual do Transportation Research Board. Universidade do Arkansas: Arkansas [em linha]

Xiao, F. (2006) *Desenvolvimento de Modelos Preditivos de Fadiga de Misturas de Betão Asfáltico com Borracha (RAC) contendo Pavimento Asfáltico Recuperado (RAP).* Tese de doutoramento não publicada. Clemson: Universidade de Clemson.

Xiao, F., Amirkhanian, S.N., Shen, J. e Putman, B. (2009) 'Influence of Crumb Rubber Size and Type on Reclaimed Asphalt Pavement (RAP) Mixtures'. *Construction and Building Materials* [online] 23(2), 1028-1034

Yusoff, N.I. (2012) *Modelação das propriedades reológicas viscoelásticas lineares de ligantes betuminosos.* Tese de doutoramento não publicada. Nottingham: Universidade de Nottingham.

Autor

Dlzar entrou para o Departamento de Engenharia Civil da Universidade Cihan-Erbil como professor desde 2015 até à data. Dlzar obteve o seu mestrado em Engenharia Civil: Transportes da Universidade de Nottingham, em Inglaterra (2014). Tem uma licenciatura em Engenharia Civil na Universidade de Salahaddin-Erbil (2006). Os seus interesses de investigação centram-se na Engenharia Rodoviária: Transportes, Conceção de Pavimentos e Engenharia de Tráfego, Dlzar é membro do Sindicato de Engenharia do Curdistão.

Coautor

Shorsh Ali Mohammed: é um professor assistente experiente na Universidade Politécnica, Departamento de Engenharia Rodoviária, Região do Curdistão, Iraque. Concluiu a sua licenciatura na mesma universidade. Obteve também o seu mestrado na Universidade de Nottingham, no Reino Unido, no domínio da engenharia de transportes, centrado na engenharia rodoviária e de pavimentos, em particular na conceção e no material de pavimentos flexíveis. Participou na redação de numerosos artigos publicados e não publicados, relatórios técnicos e documentos

Printed by Books on Demand GmbH, Norderstedt / Germany